平衡身心的
正念启发书

把每个朴素的日子过成良辰

呼吸

02

我的孤独是一座花园

英国 Breathe 编辑部 编著
马楠 译

中信出版集团 | 北京

图书在版编目（CIP）数据

呼吸．我的孤独是一座花园 / 英国 Breathe 编辑部编著；马楠译．-- 北京：中信出版社，2020.12（2025.8重印）
书名原文：Breathe20
ISBN 978-7-5217-2221-5

Ⅰ．①呼… Ⅱ．①英… ②马… Ⅲ．①人生哲学—通俗读物 Ⅳ．① B821-49

中国版本图书馆 CIP 数据核字 (2020) 第 173875 号

呼吸——我的孤独是一座花园

编　　著：英国 Breathe 编辑部
译　　者：马楠
出版发行：中信出版集团股份有限公司
（北京市朝阳区东三环北路27号嘉铭中心　邮编　100020）
承 印 者：北京启航东方印刷有限公司

开　　本：787mm×1092mm　1/16　　印　　张：10.75　　字　　数：220 千字
版　　次：2020 年 12 月第 1 版　　印　　次：2025年8月第11次印刷
书　　号：ISBN 978-7-5217-2221-5
定　　价：59.00 元

选题策划　心码文化
出 版 人　刘止语　曹萌瑶
中文主编　李松蔚
策划编辑　李晓彤
责任编辑　杨　洁
营销编辑　崔　琦　陈和蕾
特约营销　游　佳
装帧设计　李　一

欢迎来到呼吸的世界！

“孤独”，在西方是一个沉重的字眼，甚至带有些许贬损的意味。

在小说中，独居者的房子一般位于一片荒野或峡谷之中，或者建在峭壁之上，随着房门缓缓打开，迎面而来的多是一段不幸的历史，而其中的独居者正过着悲惨的生活。与之相似，如果有谁独自待着或者进餐（这种情况实际很普遍），其孤独的身影就会被凸显出来，被其他人标记为一种反常的、不被人接受的典型形象。

这种现象如此常见，以至于孤独成了空虚寂寞、无依无靠、心情郁结等情绪和状态的代名词——潜台词是，孤独者的动机需要被激发，而他们的生活，着实令人同情。

虽然那只是小说（的虚构），但这种陈词滥调且简单粗暴的假设却也充斥在现实生活之中。例如，为什么有那么多人难以相信某位朋友是真心喜欢并享受一个人生活，而且完全不想谈恋爱呢？例如，同事都不愿意和喜欢独自工作、拒绝晚上外出的邀请、表现得不那么热情的人打交道。

实际上，对于那些偏爱独处的人而言，独处的时光才是保障个人幸福、健康的自尊心、情绪的恢复力以及创造性思维的先决条件。另外，独处还能帮助他们维护、滋养友情和生命中的其他关系。

在适当的情况下，很多人都能培养并提高自身享受孤独的能力，并从中获益良多——无论是花一晚上读本好书，还是到公园安静地散会步，或是漫步于博物馆之中。享受孤独不同于感到寂寞，寂寞会令人恐惧，甚至会对人造成伤害，而孤独却是一种积极的状态。它可以使人放松下来，释放生活中的一些压力，与自身的思想和情感重新建立联结。

也许，是时候把关于孤独的刻板印象还给小说了。去拥抱现实生活中可以发现的各种快乐吧，其中之一，就是对独处的偏爱。

目录

WELLBEING
幸福

LIVING
生活

MINDFULNESS
正念

CREATIVITY
创造力

ESCAPE
逃离

呼吸，从未有一刻如此重要

李松蔚

《呼吸》中文版主编，知名心理学家，北京大学临床心理学博士，知乎心理学意见领袖，擅长认知行为治疗和系统家庭治疗。个人微信公众号“李松蔚”。

拿在你手中的是《呼吸》中文版的第二期。

第一期《呼吸》的出版，跨越了这几年最漫长的一个寒冬。突如其来的新冠疫情，一方面打乱了每个人的生活节奏，为这本书的出版增添了不小的变数；另一方面也让我们度过了一段毕生难忘的时光，从前所未有的角度经历了完全颠覆的生活。第一期《呼吸》里讨论的“无常”，本意是形而上的探讨，现在却忽然成了有形有质的恶客，成了盘旋不去的隐忧与近在咫尺的哀鸣，没有人知道它会在何年何月离开。

现在劫后余生，我们用新的一期《呼吸》好好聊聊。

这个冬天，我的朋友张尕怂的一首歌火了。他头戴小帽、身穿棉袄，坐在老家的院里，用银行卡拨弄着手里的三弦琴，边弹边唱：“早知道在家待这么久，我也不会只买两包红兰州；早知道村里封了路口，我就应该多拉拉妹妹的手。”

漫不经意的曲调背后，满是对过往的留恋不舍。当时只道是寻常。

每一个人都能感受到歌里那种微妙的、难以言说的伤感——数以万计的人处在困顿和焦虑中，设法安顿自己的身心。我们的生活已经面目全非，会议延期、项目被搁置、街市冷清、孩子们对着电脑上完课哭闹着想出门……大人又何尝不想呢？但那时哪怕是一次郊游、一次聚会，和好朋友面对面的一次小酌，都是一种奢望。我们用高度的自我隔离对病毒施以回击，同时，我们也因此付出了巨大代价。

与人保持距离的同时，我们也应对着相伴而生的孤独。

《呼吸》这一期的主题就是“孤独”。有人说，孤独就是和自己在一起，在我看来，能和自己在一起，以沉静的方式体味孤独，也是一种幸运。难的是找不到自己，没有人陪伴的同时也找不到自己的位置。我们沉浸在疑惧和彷徨中，我们心念杂乱，我们拼命从社交网络上吸取情绪化的信息碎片，试图掩盖这一切，反而让自己更加坐立难安。总之，我们被情绪裹挟了。

这时，我们需要呼吸。回到一呼一吸间，在这简单的节奏中找到自己的位置。

在外力横来时找回自己、找回当下，这就是正念的精神。第一期《呼吸》出版后，不少读者问正念是什么，有人把它想成一种精致的审美情趣，一种对风景、造物、感情，对人间一切闪光时刻的把握。但那样的理解还不全面，因为生活还包含了其他。正念是对生活全部的、如实的接受，不只接受闲适的雅趣，也接受生活的摧残与考验。即使雨狂风骤，也能如实接纳此刻的一切，回到当下，安顿好自己。

这一期《呼吸》，希望向你传达这份在孤独的逆境中保持正念的意义，其中不只包含原版《呼吸》杂志的文章，观察平常生活中的美好意趣，也包含疫情期间，我特别喜欢的几位老师的正念体验。他们虽修行有成，但在与孤独共处的时光中，同样经历了对自我的反复追问与回答。

这几篇是我尤其推荐的，因为共鸣，以及我们共同的、难以褪色的记忆。

李维榕老师的《与孤独对话》，对疫情期间的家庭关系进行了思考。李老师是家庭治疗领域公认的大师，也是结构派家庭治疗创始人 Minuchin（米纽庆）的亲传弟子。她是东方人，又有广阔的西方视野，所以这篇文章传递出她对疫情的多元化思考。她选择把孤独看成一种进行自我对话、休养生息的机会。

李一诺老师是比尔及梅琳达·盖茨基金会北京代表处首席代表、前麦肯锡全球董事合伙人，在我心中一向是打不垮、不知失败为何物的人物。但如此强大的她，也因为这段时期的所见所闻而感到孤独、脆弱、无所适从。当她面对这些感受时，孤独就像是一份“疼痛”的礼物，帮助她更完整地感知和思考。

我的朋友贾坤老师是专业的正念导师，疫情期间在家休养，隔一段时间就用微信公众号发起一个活动，和网友共同探索常规生活之外的种种可能。《假如生活是一场实验》记录了他们的一次探索——所有人约定一天不用手机。

这一期还做了一组特别的问答，叫“新冠疫情启思访谈录”，邀请歌手钟立风、建筑师青山周平，还有其他不同领域的朋友，分享疫情时期的生活状态与思考。他们的经验或许会让你产生共鸣，或许会启发你产生不同的思考。

归根结底，读这本书是为了安顿好自己，回到当下的呼吸中，无论你是否孤独，无论你正经历怎样的幸福或不幸。

在疫情的阴影下，呼吸——无论是在字面意义上，还是在象征意义上——从未有一刻如此重要。2020 年，无论你经历了什么，无论病魔是在远方盘旋，还是与你擦肩而过，无论那些困守于绝境的时间是如何漫长，无论你与自己相处的过程是否自在，你还活着——这一刻本身就值得纪念。那么，请你保持呼吸。

与孤独对话

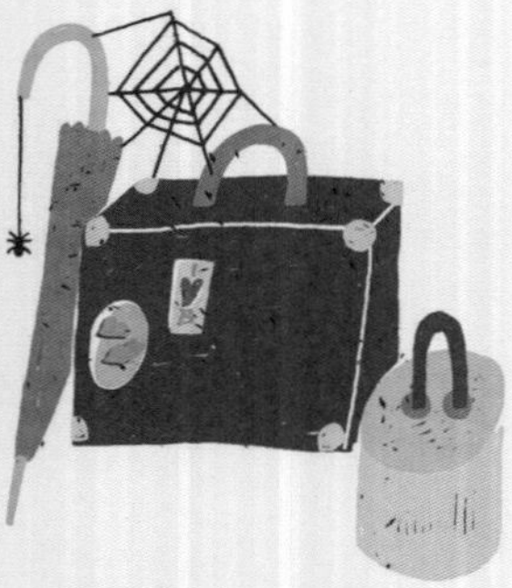

李维榕

临床心理学博士，亚洲家庭治疗学院、上海家之源临床总监，美国纽约“米纽庆家庭中心”教授。中文著作“家庭舞蹈”系列丛书由华东师范大学出版社出版。

文章转载自“家之源”公众号“维榕专栏”。

疫情在全世界蔓延，刚以为可以喘一口气，结果死灰复燃。（注：本文写于 2020 年 7 月）国际生物伦理委员会特别组织了一系列的网络研讨会，其中一场就是探讨这次疫情究竟是怎样影响世界各地的家庭及夫妻关系的，我们又当如何面对。受邀参与的专家来自英国、美国、德国、阿根廷、墨西哥、土耳其、印度以及非洲，我也作为亚洲区代表发言。一连两个周日，我们通过网络交流疫情和心得。

新型冠状病毒肺炎是怎样影响全球的家庭和婚姻的？有没有文化上的差别？从出席者的反应上来看，疫情对全球家庭和婚姻的影响与差别与其说是文化上的异同，不如说是阶级上的分别。不管在世界的哪一个角落，中产阶级的家庭似乎总是比普通家庭有办法。有资源的家庭，并没有那么容易被疫情难倒，反而因为禁足家中，让家人多了时间发挥创意，亲子时间增加了，夫妻的亲密度也提高了。欧美的学者，尤其着力于推动各种有助于父母与孩子相处的活动，以及夫妻恩爱之道。但在一些人口密度高的地方，例如墨西哥、印度及中国香港等，人们几乎在家闭门不出，离婚与家暴的案例却变多了。有趣的是，自杀人数却下降了，可能因为身边都是人，想自杀也不容易。

疫情已经持续几个月了，每个地区的情况及处理手段也发生着变化。人们由初期的不知所措，抢厕纸、抢口罩，直至渐渐适应在疫情中维持日常生活。只是，大多数人的生活方式和工作态度，都有很大改变，对以前看似不正常的状态，现在都变得习以为常。人人活在疫情中，专家也不例外。

我们这些代表，身处世界各地，却在同一荧幕中出现，大家都有相同又不尽相同的见解。有的悲天悯人，有的提供正念，也有的觉得世事无常，很难做出定论。世界上每一个家庭都有共通之处，而同一个地区的家庭，也有它不一样的地方，要找一套放诸四海而皆准的应对方式，实在困难。但是，大难当头，人人很自然地费尽心思，提出各种应变方式。美国学者的代表彼得·弗伦克尔，分享了一篇他与韩国学者合写的论文，名为“Reaching Up, Down, In, and Around: Couple and Family Coping During the Corona Virus Pandemic”，可以翻译为“上天下地内外四方：找寻伴侣、家庭应对世纪疫情的良方”。

弗伦克尔是我多年前的同学，那时我们一同跟随米纽庆在纽约学习家庭治疗，我常称他为我的“犹太弟弟”。虽是同一师门，但他的取向是典型西方人的进取式，大刀阔斧。面对疫情险峻，他探索了涵盖人类存在的各种元素：精神上的、灵性上的、心理上的、社会道德伦理学上的，为我们提供了一个全面的视角去理解和应对这场人类大灾祸。作为东方人的我，倒没有那种野心。我也受邀为同一期刊 *Family Process*（《家庭作用》）撰写文章，名为“The Musings of a Family Therapist in Asia When COVID-19 Struck”（《一位亚洲家庭治疗师在新冠肺炎疫情期间的思考》）。与弗伦克尔的大气磅礴相比，我所关注的，只是疫情中的一些人际关系小片段，一份彷徨，一种无奈。

例如，一位日本妻子在网页上留言，她说：“我老公的大嗓门、咳嗽声及吃东西的声音，加上电视机终日响个不停，还有他大白天躺在客厅中间的地上，那不断传来的打鼾声！这日子怎么过得下去？还要过多久？”据说很多中国妇女也有类似反映：“等到政府部门复工，我就立刻办理离婚手续！”

这被称为“COVID-19 离婚”的现象，将会是疫情的一个副产品。疫情期间被困家中，好像更容易引起女性对婚姻的不满，男性的投诉则较少。但一位日本男性的留言，倒是代表了部分男性的心声：“不论对老板，还是对老婆，我唯有不停地道歉。道歉多到我都记不得究竟为什么要道歉了！”

这次疫情，挑战了我们生活中的常规，很多往常认为很重要的事，现在都变得不再重要，而平时不以为意的小事，却变成大问题。例如，一些孩子原本“拒学”，现在学校都关闭了，本来焦虑的父母就可以喘口气。但是，当夫妻长时间被迫共处一室，相处中的摩擦又会很容易把许多长久以来没有解决的矛盾放大。疫情就成为对家庭关系的一个考验，并非所有婚姻都挨得过。

好在并非一切全无希望。我们相信，这也是“制造”婴儿的好机会，将有新一代随之诞生。

也许东西方的最大差别就是，后者倾向于把敌人赶尽杀绝，前者则尽量做到与敌人共处。

最近，我听了一场台湾作家蒋勋的讲座，介绍在疫情中如何与自己对话，倒是觉得很有东方人的智慧。我们很多时候生活在挤迫的人群中，很少有机会与自己相处，既然疫情让我们不得不保持距离，何不乘机找回自己，面对孤独，与孤独对话？

我们的文明其实很脆弱，刚刚以为渡过难关，疫情卷土重来。有人说，活得过今年，就已经是一种成就。

既然地球患了大病，就要休养生息，而不是否定病情的杀伤力。我本是个闲散人，就只有逍遥以对！

孤独的对面

李一诺

2016年世界经济论坛“全球青年领袖”，前麦肯锡全球董事合伙人，“奴隶社会”微信公众号和“一土学校”的联合创始人。

最近我要搬家，但还没做什么安排。

我想想需要做的所有准备，要一个人开车带着孩子和妈妈搬家，收拾这边，安顿那边，以及应对路上的不确定性，我不由得感到焦虑。

想到要离开这片熟悉的地方，一草一木、孩子们踢球的操场、走回家的小路，我又觉得非常伤感。还有几个认识二十年的朋友，大家天天聊天，虽然因为疫情平时见面不多，但是想到要离开，不知道何时再见，我突然非常难过。

我们都四十多岁了，想想人生其实很短，我们被很多不重要的事情羁绊，总觉得有明天，但也许终不会相见。这一切加在一起，是一种巨大的孤独感。

我想起去年此时，“一土学校”的一位年轻老师离职，要回老家无锡，他是一年级孩子班的助教。孩子们为老师准备了一个送别的小仪式，最后的“礼物”，是那首《别董大》：

千里黄云白日曛，北风吹雁雪纷纷。

莫愁前路无知己，天下谁人不识君。

当时，教室里童声响起，我止不住流泪。

离别，让“孤独”这两个字从所有试图压抑和打扮它的情绪里冒出来，毫无遮掩地站在你的眼前。

但是，离别仅仅是引子。其实，我想想这几个月来最大的感受，就是孤独，虽然它常常被压抑和打扮。

理性的声音，孤独。

真实的声音，孤独。

做正确的事情，孤独。

当我看到各种令人匪夷所思的新闻和后续，在愤怒和震惊之后，最深刻的感受，也是孤独。这么违反常识的事情，却在天天上演，是社会有问题，还是我有问题？

只有我一个人感到愤怒吗？只有我们这几个人感到愤怒吗？

孤独，说到底是什么？我想是感受不到爱。

这里的爱，是广义的爱，是接纳和认可。当我们感受到世界的撕裂，本质上是因为我们感觉自己在这个撕裂的世界之外。我们不想成为其中的一部分，但又不知道该往哪里去。

接纳和认可从哪里来？ 是靠世界认可我们吗，还是靠一个我们认可的伟人出现？

我想都不是。因为这些，我们都无法掌控。

那答案在哪里？

我想还要回到孤独。我们感受到孤独，不被接纳，是因为隔离。和什么隔离？和朋友，和世界？ 其实都不是。我想真正的孤独，是因为我们和自己的连接断开了。我们感到孤独， 是因为感受不到自己内心的光，因而不断在外面寻找认可自己的声音。找到的时候，我们兴奋；听不清楚的时候，我们迷茫。为了抵抗孤独，我们寻找同路的朋友。

孤独的反面，是有朋友吗？是在一起吗？

我想其实不是。我今天听到最有启发的一句话是：

孤独的反面不是在一起，而是有勇气。

当我们没有了勇气，觉得内心没有了力量和方向时，才会感觉孤独。

勇气让我们能面对真实的自己，让我们获得成长、治愈、爱，让我们愿意服务他人，直面自己的恐惧。

当我们和自己重新连接，找到内心的光的时候，哪怕我们孤身一人，也不再感到孤独。

我想是的，让光进来——高适的《别董大》，还有一首，没有收到一年级的诗单里：

六翮飘飖私自怜，一离京洛十余年。

丈夫贫贱应未足，今日相逢无酒钱。

如是，邀请“诺言”（李一诺的“一土学校”社群）的朋友们，一起来一次“诺言”社区的线上见面会。莫私自怜，无需酒钱。

让我们通过重新建立和自己的连接，抵抗孤独。

李一诺私人“呼吸”清单

(书籍) 《臣服实验》《不羁的灵魂》《家庭的觉醒》

(活动) 喝茶、画画，和孩子做手工

假如生活是一场实验

贾坤

正念指导老师、心理咨询师，近 10 年来一直从事正念研究和教学，也愿意把它当作一生的事业。微信公众号“微尘正念”主创。

法国作家纪德在《人间食粮》一书中写道：“我生活在妙不可言的等待中，等待随便某种未来。”

我非常喜欢这句话，因为它跟我的“生活实验室”所倡导的理念很相似。

生活实验室，是我最近发起的一个体验式的社群活动。它包含一些好玩有趣的尝试，比如一天不说话、一天不用手机，邀请参与者用一种开放的实验精神体验不同的生活。我们鼓励尝试、鼓励试误，把生活本身当成一场实验，并在实验中发现全新的可能。

诚如纪德所说，如果未来可以随便怎样，如果自己也可以随便怎样，对那些充满焦虑和感到束缚的人来说，会不会是一种解脱?

面对未来，有的人会很期待，因为未来还没有来，充满了各种可能性，想想就让人觉得兴奋和充满活力。

面对未来，有的人会很焦虑，也是因为未来还没有来，充满了不确定性和不可掌控感。万一未来变得很差，万一未来跟自己所想的不一样，万一天塌下来，该怎么办?

两种对未来的不同解读，带来了两种性格，也必然带来截然不同的生活体验。

有时候，我们活在一些框框里，被束缚，自己却看不见——这让人难以放松，也让生命中充满了紧张和冲突。

我发起“生活实验室”的活动，也跟眼下这场疫情有关。

疫情期间，我回到乡下老家，跟父母共同生活了一段时间。春节那会儿，所有人闭门在家，足不出户。也许是因为自己在外生活太久，重新跟父母长时间待在一起时，我们经常会因为一些生活习惯或看法不同而争论，甚至发生争吵。

我发现，大多数争吵要么来自自己对父母很多老旧的想法、做法看不惯，我很强势地想改变他们；要么来自我对父母的过度关注和关心的排斥——我希望有更多自由空间。而不能出门，只能在有限的空间里活动，导致注意力无法分散，彼此就免不了产生更频繁的争吵。

“密集”地生活在有限的空间里，是很考验双方关系的。那段时间，我听到了很多类似的声音。有的人因为疫情有了更多陪伴家人的时间，关系变得更融洽；有的人因为太密切的接触，失掉了自我空间，反而与家人产生了更多摩擦和冲突，关系变得更敏感、更脆弱。疫情，在用一种极其特殊的方式，考验着每一段关系，夫妻关系、亲子关系、婆媳关系、隔代关系……当然，还有自己与自己的关系。

这次疫情让我对自己与父母的关系有了更深的反思，我发现自己跟父母相处的时候，有太强的“我执”。我的内心总有强烈的评判倾向，习惯性地想要去纠正他们、改变他们，并且无意识地话从口出，排斥他们那些唠叨却充满善意的关心。

于是，我萌生了一个念头：假如我做一次实验，花一天时间不说话，会怎样?

我真的这么做了。就在那期间，我跟父母说好了，这一天自己不讲话，我们可以用眼神交流，也可以用肢体动作交流，但是，就是不能讲话。

不讲话，目的并不在于不讲话，也不是实施冷暴力，而是试图证明人在静默之后，可以阻断一些自动化的惯性，从而对自己有更丰富的认识。

结果在那一天，我第一次“破功”，是带着厌烦的情绪随口说了句“我不要”。当时我正在工作，父亲知道我不讲话，就悄悄地送来一袋热好的牛奶。他怕打扰到我，小心翼翼地把牛奶放在桌子上，转身要走时，我脱口而出一句“我不要”。

这句“我不要”，就像宁静的湖面被丢进一枚炸弹，炸开的瞬间，让我看到了很多东西。我似乎看到了自己皱着眉头的样子，看到了自己内心无意识而又可笑的排斥反应，看到了自己对亲密关系的回避和对自由的渴望，也看到了父母对我想亲近又怕打扰、想关心又怕惹厌烦的为难。同时，我也想到了很远的过去，想到了童年乃至记忆模糊的幼年时期，他们对我的哺育、照看、关心和管教。那一刻，我的意识仿佛从身体中抽离出来，看到了我们的父子关系。“我不要”的话音刚落，我和父亲都愣在那里，仿佛同时意识到了什么，随后，相视一笑，便做各自的事情去了。

“生活是一场实验，生活有不同选择”，这就是“生活实验室”的宣传语。

后来，我开始在线上做不同主题的生活实验，已经做过的活动有：假如我一天不讲话、假如我一天不用手机、假如我失去了左手；计划要做的主题有：有意识表达“夸夸和怼怼”、凭直觉生活一周、拜访一直想见却没见的人、两个人一天寸步不离、在一天中寻找无常……

做实验时，我总有一种好奇。我记得以前在中学读书的时候，在化学实验室里做实验，我的内心总会充满好奇。我瞪大眼睛，特别期待看到两种陌生的物质碰在一起会发生什么。“生活实验室”就是在做这种探索和尝试。

完成生活实验后，一些参与者的感受和领悟也颇具启发性。

我第一次醒来的第一个动作不是去拿手机，而是认真地问爱人昨晚睡得可好。

拥抱“关机时间”，在万物互联的时代，可以更好地跟自己深度连接。

当我不说话的时候，似乎是被限制了，但当我有机会放下时不时想要说话的冲动，才发现平时的很多话并不是有质量的表达，也许是无效的唠叨，也许是有些强硬的要求，甚至有些话是粗暴的，可能会伤到家人。

在生活里其实有很多事是不必要的，而我却用它们来填充我的生活，假装很忙碌。如果失去在所难免，那么拥有的意义何在?

当失去来临时，我还是有些无助。失去是体验，经验是礼物，感谢每一次的“生活实验室”，让我们得以体验不同的经历、得到不同的礼物。

倡导生活实验，这看起来似乎有一点标新立异，但绝非哗众取宠，它是为了觉察和打破我们已经习惯甚至被固化的东西。

固化的东西让生活变得平庸、麻木，丧失了生命活力；固化的东西外表看上去坚硬，实则脆弱，内部包裹着很多恐惧；固化的东西让我们深陷某种情绪或行为模式中，制造了犹如轮回般的内在痛苦；固化的东西也让我们误以为事情永远是这个样子的，让我们忘记了这个世界上潜藏着一个巨大的常规——无常。

无常是常。

在现代社会，我们不断试图建立各种“常”和“确定”。比如，“生活实验室”有一期主题是“一天不用手机”。对很多人来说，不用手机是困难的，因为手机已经渗透到现代生活的每个角落，我们严重依赖手机。我们利用手机开展工作、进行人际交往、查询信息和资料、用各种应用程序解决实际问题，还有各式各样的游戏娱乐活动，帮我们打发时间、排遣孤独。

有了手机，我们仿佛感到充实和踏实，尤其是手机越来越智能化以后。离开手机，人们会感到非常不便，甚至内心充满不安。可是，回想在没有手机的年代，人们也并没有这份不踏实的感觉呀!

所以，智能手机建立的这种“常”，不知不觉地演变成了一种依赖和束缚。

假如我们一天不用手机，又会怎样呢? “生活实验室”的目的，就是打破那些我们习以为常的事物，打破束缚和固化我们的东西，鼓励实验精神，不预设目的，也不计较结果，充满好奇地尝试别样生活。

当“常”被打破的时候，我们该如何面对“无常”? 这就是“生活实验室”要讨论的话题。

2020 年这场突如其来的疫情，席卷了全球，也在慢慢改变很多事物。它改变着人们的生活方式和工作方式，改变着人们对全球化的理解、对人与自然关系的理解，甚至也正在改变着国际关系和世界格局。

全世界都在面对这种“无常”的考验。

生活是充满变数的。一件事情的发生，背后有着千丝万缕、看不见的因缘在相互作用。“无常”并不是说事情一定会变得糟糕，它没有任何价值导向，它只是在说:“看吧，事物在不断变化，曾经有的事物，后来会没有，而且它有还是没有，并不是随顺我们的心意，而是随顺因缘的。”

如果在生活里多一点实验精神，当下的生命会不会更可爱一些，变得妙不可言?

贾坤私人“呼吸”清单

(书籍) 《坛经》《静能量》《觉知生命的七封信》

(电影) 《日日是好日》《阿弥陀堂讯息》《和平战士》

(活动) 远足、登山、骑行、禅修、雨天喝茶、把身体泡在水里

(物品) 骷髅头、沙漏

呼吸问答

Breathe and make time for yourself

可以译为“专注当下，把时间给你自己”。
你是这样的高手吗？你有什么小秘诀？

新冠疫情启思访谈录

2020 年，新冠疫情意外来袭，“成为人类共同的功课”（蒋勋先生语）。

从来没有一个时刻，让我们每一个人体会到“无常”这一生命本质；
从来没有一个时刻，自我关怀与接纳不确定性变得如此迫切；
也从没有一个时刻，人类命运与自然的关系如此紧密。

我们邀请了不同领域的朋友，分享自己在新冠疫情下的生活状态与人生启思，让我们在面对此“人类共同的功课”时，能够多一些参考。

钟立风

音乐作家，曾出版音乐、文字作品《弹拨者手记》《像艳遇一样忧伤》《书旅人》《欲爱歌》等。

字吸，歌呼，行动抵达自在

1　请分享一件跟疫情有关的让您印象深刻的事。

疫情缓解之后，我便迫不及待地去逛书店。和所有行业一样，在疫情期间，书店的经营也颇受影响。在北京，我常去的书店之一是五道口的豆瓣书店，那是一家很特别的书店，专卖在普通书店里看不到的好书——滞销书。这些书都是豆瓣书店的主人卿松从各家出版社的库房里淘宝似的一本本找到的——要不是他重新发掘，出版社就要将这些绝版的、卖不出的好书一概回炉，重新化作纸浆了……这何尝不是一种独到的审美和判断力，尤其是在这个一切追求流量的时代。我想说的是，哪怕在疫情期间，来书店买书的人也不多，卿松一如既往，不悲观，不沮丧，依旧踏踏实实地做着自己该做的事。他常说的一句话，就是行动——行动抵达自在。这也是很多人想要达到的状态，做自己能做的、该做的，然后获得一份心里的自在。

2　这段时光对于您和自己的相处有什么帮助吗?

对我个人来讲，没什么帮助。因为我本身就是一个不善交际、需求很少的人，朋友也不多，平时很少出门，每年除了录制专辑和完成书稿，就是去公园跑跑步、在家做做俯卧撑或压压腿。像我这样写作型的音乐人，本来也不会有很多的商业演出，所以长期以来，我就是自己和自己相处，或与古今中外的先贤哲人相处。但不管如何，疫情还是会使我产生一些思考，带我进入事物更深层的地方，让我试图去挖掘更多本质上的东西。

3　疫情给您带来了什么特别的思考或者改变吗?

无论是疫情还是其他的事情，其实都会给自身带来一些思考和改变。我之前说了，做一个行动者，一旦行动，就会带来未知的改变。那么，这些改变又意味着什么呢？这又会引发一个个新的思考。回到疫情，关于对它的更多的思考，我想有待于借助更多的时间去沉淀，人们不可能在某件大事刚刚发生时就思考出什么深刻的东西。但毕竟借此机会你会去想，也会更加静下心来，思索一些从前没有想过的事情。

4　未来您最期待去做的一件事情是什么?

我更在意（乐于）去做的是眼前的、手头上的事。比如，家人说去买一点水果、鸡蛋、肉菜回来，我会很高兴地去完成。我正好写稿累了，走到户外，融入“活泼泼”的生活中去，尽管“太阳底下无新事”，可是“每一天又都是崭新的”。活在当下，多美妙。

5　如果换一句话表达“Breathe and make time for yourself”，您会怎么说?

于自己而言最重要的事、最重要的人，往往是自己最不会想到的，有时甚至会无视它们的存在。比如，呼吸。有谁会时时刻刻想到自己的呼吸呢？所以，要我去表达与其相关的种种，我会陷入失语的状态……而后我也想到了以前讲过的一句话：“是音乐和文字完成了我的呼吸——字吸，歌呼。”这样，深吸一口气，我仿佛又拥有了眼前的、恰如呼吸一般的、亲近的时间。

青山周平

知名建筑设计师，B.L.U.E. 建筑设计事务所创始人，主持建筑师。青山认为，在移动互联网时代，建筑的重点已经不是居住功能，而是容纳新的社会关系、建立人与人之间新的连接，是打动人心。

建筑，要承载记忆

1 请分享一件跟疫情有关的让您印象深刻的事。

我现在生活在北京国贸附近，自己的建筑设计工作室也在国贸，是可以从家走路上班的距离。我在北京生活 15 年了，这是我第一次看到空无一人的国贸：清空的城市、清空的建筑、清空的公园以及清空的公交车站。建筑和城市是为了让人使用而建造的，当我突然看到没有人使用建筑和城市的时候，我感到很伤心——为了人的使用和聚集而设计的空间里没有了人。这种感受很特别，是我平生第一次感觉到。

2 这段时光对于您和自己的相处有什么帮助吗?

我发现，自己是那种无法在家里安静的状态下创作的人，更多是那种在奔跑的过程中，在忙碌、失控的状态中创作的人。疫情期间由于出行受限，我的状态就不太好。我需要一种节奏、一种环境。我之前并没有觉察到，但是当我们无法出行的时候，我发现了自己的这个特点。

3 疫情给您带来了什么特别的思考或者改变吗?

现在，当建筑和城市的功能失去得越来越多的时候，我们该如何做建筑设计?

对我来说，记忆是关键。建筑是记忆的载体。我的记忆、你的记忆、我们的记忆以及城市的记忆，这些记忆有点像电脑的移动硬盘一样，保存在建筑和城市中。如果建筑没有了、城市没有了，这些记忆也会消失。

未来的建筑不仅仅是解决具体功能性需求的空间，而且要承载各种记忆。

4 未来您最期待去做的一件事情是什么?

我的生活都是围绕着建筑转的，未来我想做的，还是设计出让人感动的建筑、让人感到幸福的建筑、让人感到有生命力的建筑、让城市生活更丰富的建筑。这是很单纯但很本质的事情。

5 如果换一句话表达“Breathe and make time for yourself”，您会怎么说?

在极小的茶室里喝一杯茶。

日本最小的茶室空间不到 4 平方米，这种小面积的空间可以让人脱离现实生活，安静地面对自己。在这样的空间里，一个人喝一杯茶，就是“Breathe and make time for yourself”的另一种表达。

林小熏

“早春游学”&“早春乐事集”创办人。

经历过疫情，我更“任性”了

1 请分享一件跟疫情有关的让您印象深刻的事。

国内疫情最严重的时候，我正在北欧游学。当时那边还没有受到什么影响，可能只有一两例病例。大家不戴口罩，生活一切如常，只有药店门口贴着口罩告急的通知，大多是因为国人买了寄回国内。记得李文亮医生去世的那天，我们在参观奥斯陆歌剧院。那天的日落很美，在剧院的屋顶上、宽阔的海面上闪烁着金光，海鸥在飞翔，但我的心情灰暗、沉重，我的手机中都是关于李医生的消息。那是我印象中唯一一次，几乎朋友圈里的每一个人都在说同一件事，在同一种心境中。当时我意识到，你不属于你的身体所在的地方，而是属于与你共同关心一件事情的地方。

2 这段时光对于您和自己的相处有什么帮助吗？

经过这段时间，我更“任性”了。因为之前我所有的设想和计划都是基于理性的分析，可世界是无常的，所以我干脆更加忠于自己的感觉，去摸索属于自己的节奏，跟随内心去安排时间。比如，我虽然大致安排了要做什么事，但这会儿对某本书特别好奇，就会先尽情地读书，等酝酿到特别想做那件事的状态时，再着手去做。我变得更加倾向于去倾听那个自己之外更大的声音——也许是命运或别的什么——而不是凭着自己的想法一意孤行。

3 疫情给您带来了什么特别的思考或者改变吗？

疫情没有给我的生活带来太大的变化。我发现由于自己从未“往上爬”，所以并没有“掉下来”——我开玩笑说自己一直在“匍匐前行”，所以也没有什么地方可以掉了。这更坚定了我的选择，就是按自己的节奏去生活，不要让外部的价值观和潮流影响自己，做到不“被焦虑”。

4 未来您最期待去做的一件事情是什么？

我最期待的是能爽快地舍弃不想做的事、不想相处的人，跟喜欢的人一起扎进想做的事里，从中获得属于自己的深深的满足感。

5 如果换一句话表达“Breathe and make time for yourself”，您会怎么说？

你的存在，就在呼吸间。

郎启旭

“潮汐”应用程序创始人，专注于自然、冥想、摄影、极简主义、旅行与创业等领域。

“喘息时刻”，是珍贵的存在

1 请分享一件跟疫情有关的让您印象深刻的事。

我看过一组图片报道，是讲在疫情期间，因为人类活动锐减，原本常年混浊的威尼斯大运河变得清澈见底，成群的小鱼游来游去，甚至还能在运河里看到水母；新加坡的水獭开始出现在街头的喷泉公园；奈良小鹿的肠道也变得更好了。这让我想起日本摄影师杉本博司的“海景”系列作品，通过长曝光手法拍摄世界各处的大海，追问同一个问题：在人类出现以前，这个星球是怎样的面貌？

2 这段时光对于您和自己的相处有什么帮助吗？

当整个世界都静止时，我们会愿意停下来，重新审视自己的过往日常，也会有很多思考和观察。但是，当这段时间过去，我还是那个我，该走的弯路、该有的困惑一点也不会减少。这其中唯一能印证的事情是，独处、放松和无聊对人的重要性。因为疫情的不可抗性，我们反而可以让自己更理所当然地“无所事事”，而这样无用的“喘息时刻”，在我们的人生和生活之中，其实是非常珍贵的存在。

3 疫情给您带来了什么特别的思考或者改变吗？

我们的这个世界就像是熵在不断增加，而疫情，就像是一场突如其来的系统性、不可抗式熵减。所以，问问自己，我们每天所有的努力和创造，是给这个世界增加了熵，还是减少了熵呢？

4 未来您最期待去做的一件事情是什么？

没有特别的安排，随性而至。我想多和家人、朋友见见面。

5 如果换一句话表达“Breathe and make time for yourself”，您会怎么说？

不着急，慢慢来。

朱月怡

“花点时间”创始人兼首席执行官，曾任“易到用车”联合创始人兼市场总监。

忘掉 2020 年的计划，寻找生机

1　请分享一件跟疫情有关的让您印象深刻的事。

作为鲜花品牌“花点时间”的创始人，疫情期间我印象最深的事情，很难和公司的命运分开。

回想春节前一天，我还和同事们为年后的情人节在公司没日没夜地加班，完全没看到已经早有暗示的疫情新闻。直到除夕当天，热闹的春节晚会与朋友圈犹如割裂的两个世界，我才真的慌了神。不出所料，疫情当下，没人在乎鲜花，更没人在乎情人节。从 1 月底到 2 月初，公司举步维艰，惨淡经营。2020 年的开场，真的比坐过山车还刺激。

2 月 3 日，恢复工作的第一天，我照例写开工信给所有“花点时间”的小伙伴。信里没有夸大恐惧，也没有无脑鸡汤，只是真实地告诉他们，我们正面对着怎样的现实，以及，别忘了，我们手中的鲜花，正代表着此刻每个人心里最想要的东西——希望与爱。然后，我跟核心团队开了个无比简单的会议，就一句话：“忘了 2020 年的计划吧，拿出我们的真本事来，寻找生机。”

也就是在那时，鲜花交易市场关闭，线下零售关闭，花农哭着扔花的视频上了热搜……我们能做些什么？这不就是我们能做的事情吗？接下来的 48 小时里，我们尽最大努力整合了前后端资源，齐心合力、没日没夜地帮花农卖花。最终，团队帮助超过 1 000 位花农卖出了近 1 000 万束鲜花。

“助农战‘疫’”这一仗，由于供应链人力、物流等受疫情所影响，打得惊心动魄。所幸，我们真的帮助到了花农，也因此获得了更多用户的认可，让“花点时间”上了一个台阶。那些关于苟活的预案，终究都没有用上。

2　这段时光对于您和自己的相处有什么帮助吗？

人类缺乏想象力，甚至不知道明天会发生什么。打好每一仗，不必每次都正确，疯狂之余保持理性，看到有利机遇时及时抓住——如果人生中有这么多困难，那就去做好今天能做的一切吧。这是疫情那段时光让我感悟到的“人生打法”。

3　疫情给您带来了什么特别的思考或者改变吗？

“风会吹熄蜡烛，却也能使火越烧越旺。你要成为火，渴望得到风的吹拂。”接受自己生活在一个我们依旧对其知之甚少的世界里，努力构建反脆弱性，然后，拥抱这些变化。

4　未来您最期待去做的一件事情是什么？

去做一件和开办公司截然相反的事情，比如，写一本酝酿了很久的关于平行宇宙的小说。

5　如果换一句话表达“Breathe and make time for yourself”，您会怎么说？

喘口气，慢慢来。

高贵兵

“人间食粮”书店主理人，曾就职于《新京报 · 书评周刊》、北京单向街书店，现在和妻子回到家乡邯郸开了一家独立书店。

离开北京，回邯郸开家旧书换粮的书店

1 请分享一件跟疫情有关的让您印象深刻的事。

2020 年的新冠肺炎疫情像是一面聚光的放大镜，让我更加细致入微地看到了我们所生活的这片土地上深层次的肌理。人们在隔离与自我隔离时的应激反应，甚至在此特殊情境之下我与亲人、朋友之间的相处方式，一旦直视这些就会灼伤我们的双眼。但是，因为我们身在其中，所以不能不直视。我印象最深的是，面对恐惧，人们生出的不信任感。疫情一方面使得诸如陌生人之间竖起高墙，另一方面也使得诸如亲人、爱人之间获得了重新审视或连接的机遇。

2 这段时光对于您和自己的相处有什么帮助吗？

这次疫情，是中国二三十年间最大的公共事件了。一段时间内，所有人基本上或多或少都受到了疫情的影响。从这个角度讲，怎么估量 2020 年这场疫情的影响恐怕都不为过。

正是在这样的情况之下，我们才能理解人的复杂、人性的复杂，学会对这个世界不抱希望，同时也不绝望。

3 疫情给您带来了什么特别的思考或者改变吗？

人与人之间的信任，其实很脆弱。当我们试图把一整套现代社会的运行机制嫁接到血缘以及血缘周边的关系中时发现，从某种程度上讲，我们还是一个半熟人式社会。这并不是说这种嫁接是完全错误的，恰恰相反，就我个人来讲，因为这次疫情，我和我的父亲、母亲、妻子有了更深的交流与连接，它让我重新认识到亲人和家人的意义。

4 未来您最期待去做的一件事情是什么？

疫情之前，我计划 2020 年 3 月结束“北漂”生活，回老家邯郸开一家用旧书换粮的书店。个体的命运挣扎往往都是无声的，疫情稍微缓解后，经过短暂的考虑，我就毅然回去了。

我对未来的期待很朴素，我希望我的书店能养活我和我的家人。

5 如果换一句话表达“Breathe and make time for yourself”，您会怎么说?

生存是第一位的，生活是嘈杂但有趣的。呼吸，思考，然后选择行动。

青音

“气质心理学”研究专家，家庭治疗学派心理专家，两届全国播音主持最高奖“金话筒奖”获得者，代表作有《幸福的体质》《听，青音》《学习爱》等。

对生活的深情才是通往真理的道路

1 请分享一件跟疫情有关的让您印象深刻的事。

2020年，突如其来的疫情，打乱了我原有的生活计划。这个春节，我和先生原本是打算带家里老人去阳朔的，结果我们只在老家陪伴了父母3天，因为担心疫情扩散回不了北京，便匆匆赶了回来，没想到跟老人一别就是8个月。不过，很意外的是，这相隔两地的8个月，却成了我自18岁离开父母在外求学、工作以来，我们最亲密的8个月。我跟父母谈起了“异地恋”。

刚开始，担心老人太焦虑，我和先生每天晚上都会跟双方的父母开视频聊聊天，这大概要占去我们晚上40分钟到1小时的时间。我们也是第一次发现，老人们其实都很能说，一接通视频就挂不掉，原来他们每天也有那么多的情绪、那么多的思考和那么多新奇有趣的发现。以前，我们一个星期才跟老人通次电话，实在是忽略他们太多了。后来，我和先生就把这个习惯坚持了下来。直到现在，我们俩只要晚上没有特殊的安排，都会牺牲掉玩手机、看剧、上网的时间，陪父母说说话——陪伴是最好的爱。

2 这段时光对于您和自己的相处有什么帮助吗?

此次疫情确实是一场世界性的灾难，但从另一个角度来说，它确实让我们更有“自知之明”。老实说，因为这次疫情，我更加了解自己了。

我的职业身份跨越了几个不同的领域，原先我是中央电视台的一名主播，进而又学习了心理学，并从事了很多年跟心理学相关的工作，再后来又自己创业开公司，所以我的工作需要接触很多人，而且我每天的工作也安排得特别满，忙碌是常态。

疫情来了的时候，我的生活被迫按下了暂停键。只能宅在家里的时候，我才发现，原来自己是这么能待得住的人。我比自己想象中更宅，而且还宅得自得其乐！坦白地说，从疫情开始到现在，我没有哪一天因为不能出门而感到憋闷、烦躁，我反而很享受——时间可以完全由自己掌控的感觉棒极了！

我终于了解了自己。我虽然是个很活跃的主持人，但我极其慢热，不喜社交，以往我虽然由于工作经常要出入各种场合，但我对任何高级的交际场合都觉得打不起精神的真正原因是——我是一个在安宁的独处中才会完整的人！

3 疫情给您带来了什么特别的思考或者改变吗?

疫情也让我学会了很多看似无用的技能，我学会了花艺、烘焙、气味芳疗，重温了《红楼梦》，最近又开始学习和日本侘寂美学相关的内容。反而是以往存在手机里的那些关于人生进击、斗志昂扬的课程和文章，在疫情期间很少被我打开。

我觉得疫情让我触摸到了内心最本真的部分——对生活的深情才是通往真理的道路。

王阳明说："明月清风不用钱。"真正在生活而不只是活着的人，眼里和心里才有真正的风月。

现在企业复工了，公司的业务也恢复了正常，但我发现，跟疫情之前的自己相比，作为一名女老板，我变得没那么容易焦虑了——没有被疫情打垮的人，必将更加强大！

4 未来您最期待去做的一件事情是什么？

我记得以前在中德班（中德高级心理治疗师连续培训项目）上课的时候，德国老师最后让每个学员说一说自己的人生终极梦想。谁认可他，谁就到他的战队去。

结果，我的战队里的人是最多的。

因为我说，我的人生终极梦想是吃喝玩乐！

大家笑成一片，然后纷纷加入了我的队伍。

人生就像一趟旅行，假如导游没有把你一路上的吃喝玩乐安排好，那你肯定会懊丧，认为这一趟旅行白来了，你得投诉他，找他退钱！那么就我们自己的人生来说，为什么我们只知道拼搏奋斗、焦虑忙碌，却不知道尽自己所能把自己和家人的吃喝玩乐安排好，努力做好一名"生活家"呢?

在我看来，"生活家"要有三个标准：一是要有把自己和家人的生活照顾好的能力，二是要有审美力和创造力，三是要能做好物质生活和心灵生活的平衡。

所以我接下来的期待是——带着家人出去好好度个假，我已经安排好了几家顶级酒店了。

5 如果换一句话表达"Breathe and make time for yourself"，您会怎么说?

玫瑰从来不慌张，放轻松，做自己。

疫情启思特别活动

《呼吸》× 不是居“疗愈力交换计划”

微风细雨的清晨、无所事事的午后、路过的大千世界、陌生城市的地道美味……生活中的每一个当下都藏着静默的治愈力，这是属于每个人的日常疗愈小事。

于个人而言，实现疗愈未有定式，而在许多种方式与路径中，人与人之间的连接与流动，是极为重要的存在之一。而每个人身上，也存在着值得被看见、可以被连接的“疗愈力”。

《呼吸》携手疗愈系度假酒店品牌“不是居”，带来“疗愈力交换计划”，面向所有拥有“疗愈力”的人士公开招募，包含但不限于身心疗愈师、自然教育从业者、手作艺人等。

你可以分享：

- 你的疗愈力故事；
- 你的疗愈力技能，比如心理咨询、瑜伽练习、正念修行；
- 你的疗愈力作品或资源，比如音乐、绘画、空间、手作；
- 其他你觉得具有疗愈力的方式。

我们将选择最具疗愈力的 10 位，成为首批“疗愈官”。

“疗愈官”将获得：

- 《呼吸》第三期的专题推荐；
- “不是居”居住体验券（1 房 1 晚 / 人）；
- “不是居”其他权益（课程共创开发、城市疗愈馆使用权等）。

凡可给予，皆可疗愈。一起来吧！

关注“Breathe 呼吸清单”公众号，加入“疗愈力交换计划”相关社群，了解活动详情与最新进展。

关于“不是居”

“不是居”，疗愈系生活方式倡导者，首家疗愈系度假酒店“不是居·林”位于浙江省杭州市余杭区长乐森林，15 栋独幢山林小别墅错落林间，整体建筑生长于森林又消隐于森林。“一念放下，万般自在。”“不是居”通过至美的自然环境、禅意的建筑空间、深度的身心灵疗愈体验 3 个维度，带领来访者实现“身体向自然、精神向内心”的双向回归。

本期推荐人：山海

从本期开始，《呼吸》中文版会精选一些符合“Breathe and make time for yourself”精神的人、物、事、空间或者去处，推荐给读者。如您有符合要求的“呼吸推荐”，请联系 liuzhiyu@51xinma.com，或关注“Breathe 呼吸清单”微信公众号。

人间食粮：一家用旧书换粮食的有趣书店

2020 年 9 月 22 日，在北方的三线城市邯郸，一家可以用旧书换粮食的有趣书店试营业了。这家书店叫作“人间食粮”，名字出自纪德的散文集《人间食粮》。

老板高贵兵，之前在北京辗转于单向街书店、《新京报·书评周刊》等图书相关工作。今年疫情期间，贵兵和爱人毅然决然地离开北京，回邯郸开书店，安身立命，养家糊口。

纸书的消亡在如今电子阅读兴盛的时代，似乎已经是一个即将到来的事实。但在时代的浪潮来临之时，总有人在做“复古”的事情，因为有时候复古一不小心就变成了某种新的生活潮流。这是人性之中微妙的部分，也是强大的技术无法到达的地方。

“人间食粮”书店试图将散落在读者手中的二手好书，通过以旧书换粮这种“以物易物”的复古方式循环起来。贵兵说，用物质的食粮换精神的食粮，是一场对于精神乏味与物质过剩的反抗，“我们希冀你手中流动着的思想，能够泽被更多的人，并在自己身上改变这个时代”。

我们日常所遇到的问题或困惑正普遍存在于每一个人身上，你不一定能在书里找到答案，但这个过程，已经种下某些改变的种子。

这也正是贵兵的主张——要吃饭，也要阅读。

| 推荐理由 |

贵兵做了我特别想做却不敢做的事情，还做得如此有趣，希望他能继续走下去。

一茶·二十四节气生活茶

二十四节气生活茶，是“一茶”独创的一种中国茶观照法式、一套精微化地对应中国“天地人”宇宙观和养生论的小体系，也是“一茶”对于四时风物、原乡气息、人情世故的理解与体会。

“一茶”创始于2013年，在海潮拍岸的老厦门避风坞内诞生。它的初衷，是守护和复原一些关于闽茶、关于生活的传统韵味。几位创始人不光对茶，也对中国传统文化和传统生活方式充满了兴趣。他们希望用自己的方式，对二十四节气这一传统，做出呼应。所以，他们提出了“二十四节气生活茶”的概念，每个节气更新一款新茶。春耕、夏耘、秋收、冬藏，一年二十四节气，四季流转，“一茶”一共归纳并呈现二十四款代表性闽茶，如是轮回。

面对不同的需求，闽地二十四节气生活茶提供了三个版本：单泡装的“赏味版”、礼品袋装的“日常版”、马口铁罐装的“专业版”。

| 推荐理由 |

世事再多，且饮一杯茶先。喝茶是日常生活里身心进行呼吸的好方式。“一茶”的二十四节气生活茶是我的口粮茶之一，此茶的出品人多年来寻访茶园、采访茶人，是地地道道的“闽茶通”，这款二十四节气生活茶的质地、口感都很棒，如同将四季放入了茶中。

花沐里·茉莉净润舒压面膜

来自福州的芳疗师林沛玲从小喜欢茉莉花，她与好友罗罗一起创办了芳疗品牌“花沐里”。这一款会“呼吸”的花沐里茉莉净润舒压面膜，就是来自她们的芳疗礼物。

沛玲和罗罗在做芳疗时发现，皮肤问题和身体问题的产生大多是因为我们的情绪和内心受到了影响，而天然的植物香气能让人放松，快速打开心扉，疏解心中郁结之气。

在芳疗界，茉莉香气被称为“天生的福气”，拥有舒压助眠、镇定愉悦的疗愈效果。敷面膜时能像做芳疗一样躺着，放松身心，感受植物的天然疗愈力，因而她们推出了花沐里茉莉净润舒压面膜，以100%的天然茉莉纯露代替传统配方中的水。敷上这款面膜，犹如享受了一次15分钟的舒压SPA（水疗）：在茉莉香气的层层浸润下，身体的每个细胞都会放松下来，让皮肤和心情在茉莉香气的疗愈中焕然一新。

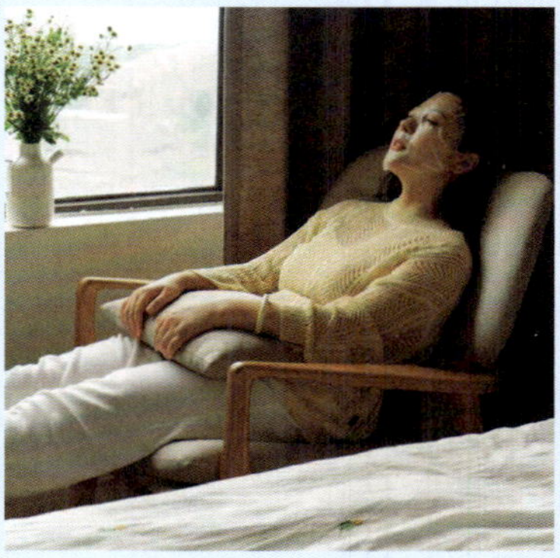

| 推荐理由 |

茉莉花香清雅绵长，几乎人人喜欢。用茉莉净润舒压面膜让自己做一次SPA，可以享受身心“呼吸”之悦。花沐里产品也得到了我的多位朋友的口碑认证。

当多余的事物都被丢弃后，我们将会
重拾单纯与专注，姿态越简单、冷静，就越美丽。
即便如此，它起初似乎也会令人不快。

_ 保罗·柯艾略

幸福

WELLBEING

wellbeing

如何开启完美的一天

作者：
爱丽丝 · 卡德尔
Alice Carder

并非只有耗时、复杂的晨间活动才能开启完美的一天。在这里，《呼吸》找到了 7 种能改变你一天的 1 分钟小练习——如果你经常练习的话，甚至能够改变你的一生。

怀抱感恩之心

回想那些令你充满感激的事情，选择以积极的心态开启新的一天。你甚至可以在尚未睁开双眼、依然蜷缩在被窝里时，开始这项练习。花点时间去回想一下迄今为止最令你心怀感激的人或事，体会一下此时内心的感受。当你想到一个时，不要停下，直至想出三个。你究竟回想起了什么并不重要——可以是从你的伙伴到早晨的第一杯咖啡在内的任何事情——真正重要

通过1分钟的晨间活动，将满满的活力注入你的脚步里，帮助你以饱满的精神和积极的态度迎接新一天的到来。

的是，当你想到这些时内心的感受。

每天进行感恩练习对大脑来说是一项很好的训练，能让它更专注于积极的一面，而不是紧盯消极的一面。如果一开始练习时你感到很困难，不要担心，大脑练习的次数越多，感恩练习就会变得越容易。

心式呼吸

在你的大脑不得不与日常需要处理的无数项任务展开殊死搏斗之前，请先短暂地按下暂停键，让大脑与你的呼吸以及心脏重新建立起联系吧。

闭上双眼，双手置于心口处，将注意力集中于此。深深地吸气、呼气，空气在一吸一呼间进出你的心脏区域。将呼吸的节奏调整为6秒——数6秒将空气吸入，再数6秒将空气呼出。在1分钟内保持同样的呼吸节奏。

用这样的方式将注意力集中于呼吸之上，通过深呼吸缓和心脏的剧烈跳动，这样可以很好地帮助你保持镇定，使你感到放松。你可以在一天当中的任意时刻重复上述练习，比如当你感到思绪不受控制，或者难以承受某一项特殊任务、某一种特殊情绪时，开始心式呼吸，在呼吸几次后问自己：“我现在感觉怎么样？”聆听来自内心的答案。

日常宣言

日常宣言可能是晨间活动中的关键。它可用来对抗消极的自我暗示，并且重置你的潜意识，让它更有活力，充满积极信念。

首先，你需要对哪些观点限制了你有一个清晰的认识——比如，观点可能是“我不擅长做公开演讲”等。然后，问问自己是从什么时候开始产生这种观点的，它在多大程度上是真实的——其他人也这样认为吗，还是说这只是你的自我感觉？这种观点对你的生活造成了怎样的影响？你有多想对此做出改变？是什么使你看不清事实？

如果你很确定自己已经为这种观点所束缚，并且下定决心采取行动、做出改变的话，请写一份与你之前的观点相对立的宣言——针对上述的例子而言就是：“我很擅长做公开演讲。”

如果你的新宣言看起来非常不切实际，就不断调整使它变得可信——比如“通过规律的练习，我已经越来越擅长做公开演讲了”。当你一点点取得进步后，可以再次对宣言做出调整。这样，它将变成“我已经很擅长做公开演讲了”，直到你最终达到那种被视作与最初观点相对立的积极状态。由此，“我不擅长做公开演讲”最终变成了“我很擅长做公开演讲”。一旦你明确了自己的宣言，就在每天早晨花上1分钟对其加以练习，让一字一句充分浸润你的内心。在此后的一天之中，不断温习，次数越多越好。

如此这般，将会支持你朝着自己的目标不断前进，而你的新宣言可以重置你的潜意识。你会发现，在镜子前重复自己的宣言会令你感到浑身充满力量。

滋润自己

以喝一杯清水作为新一天的开始，这种做法听起来或许很简单，但它确实有助于你的新陈代谢，帮助身体排出毒素，同时为你补充足够的水分——毕竟，你刚刚度过了漫长的一夜，没有摄入任何水分。把喝水列为晨间的第一件事，意味着你的大脑不必因为缺水而苦苦挣扎，让你从一日之初就拥有更清醒的头脑。

正念淋浴

正念练习并非像网上的图片所宣传的那样，一定要盘起双腿坐在海边进行。实际上，在任何时间、任何地点都可以进行正念练习，只需你将注意力集中于当下即可。

你甚至可以在淋浴的时候进行正念练习。当水流飞溅到你的皮肤上时，集中注意力，当你全身心沉浸于当下之后，再开始进行冥想式净化，想象所有烦恼都被冲进了下水道。

运动起来

无论是从床上坐起来时做几组伸展运动，还是全神贯注地练习整套拜日式瑜伽动作，又或者是跟着喜欢的曲调在卧室里跳舞，以活动身体作为一天的开始，都将会使你感到精力充沛、思维活跃，并且会提高你一整天的专注力和思维能力。在最开始的时候，你可能感觉这么做有点傻，会带着一点惭愧的快感起舞，但运动会让你在即将开始的一天里精神振奋。

提笔书写

无论是你当天要完成的工作清单，还是一连串喷涌而出的意识情感，请将乱作一团的想法从大脑中抽离，落为笔尖的黑字，这将会有助于你更从容地处理。这样做甚至能帮助你从以往的经历中找到意义和洞见之所在。而在此之前，你很有可能根本无从察觉——当你开始提笔书写时，你或许会因自己笔下的内容深感震惊。

插画: SAMANTHA NICKERSON

wellbeing

改变形体，让身心平衡

支配身体和运动身体的方式在很大程度上反映了你的自我——像改变姿势这样简单的事情，都能对你的生命面貌构成巨大的影响。

作者：
埃玛 · 纽林
Emma Newlyn

你的身体讲述了一个迷人的故事。它不仅讲述了诸如你的身高和外形、皱纹和伤疤、毛发和牙齿这种简单直白的事实——虽然这些的确能反映出你的生活是否优渥——而且讲述了其他方面。身体如何运动、受到何种调节还暗示了一些深层次上的精神运动方式。

想知道人们是如何感受的？那一起来看看他们的姿势和活动。好奇自己的身体会如何对精神构成影响？那就来了解一下这些看似微不足道，却足以令人从头到脚焕然一新的有力变化吧。

肢体语言

“肢体语言”的概念已经经历了数千年的演化，在不同的文化背景下，它的作用方式各不相同；在各个历史时期，肢体语言也呈现出各异的面貌。人类的活动或姿势有些会受到天性的支配，比如微笑或者大笑，有些则伴随着社会影响在成长中习得，尤其是某些特殊的手势，以及得体或不得体的餐桌礼仪。

每当提到肢体语言时，人们关注的焦点通常在于身体是如何向周围人传递信息的。你看起来是自信能干还是软弱游移？你的样子是诚实可靠还是不足取信？你的性格是脆弱不堪还是唯我独尊？体态、行为举止以及诸如目光接触之类（见第 50 页）的非语言交流，都向周围人无声地传递着关于你的信息。不过，相比起来，更重要的应该是你的身体是如何与你展开对话的。体态、呼吸频率、肌肉张力，甚至包括迈步之类的简单动作，都会对大脑产生影响，告诉大脑应该传递哪些激素、化学物质或情绪信号。但这无疑是一条双行道，因为大脑所产生的情绪同样会导致你做出看起来可怜

"笔直地站起来，对自己有清醒的认识，这样你就已经超越了你所处的环境。"

玛雅·安杰卢

兮兮的体态或动作。而在你有所察觉之前，一个包含了弓缩的肩膀、低落的情绪、轻浅的呼吸，以及处于压力状态下肌肉紧张的内循环便已经建立起来了。想要终止这一循环，抑或按下暂停键，对任何人而言都是可行的，并且每个人都有望从情绪和精神层面上获得积极影响。

舒展肩膀

你应该对童年时被要求"站直了，挺胸抬头"的往事记忆犹新吧？这个简单的口令听起来像极了你的父母，甚至是玛丽·波平斯*会说的话。实际上，站直身体、舒展双肩是一种关于自信、舒适度、力量感以及信念感的无声信号。想象一下米克·贾格尔和碧昂丝等明星是如何挺立在舞台中央展示自我的。

这一点也不仅仅适用于人类。有科学研究表明，即使是相对人类而言低级的龙虾，也会根据是否在战斗中获胜改变自己的姿势。获胜的龙虾会充分伸展自己，大张身体，而它的手下败将则会蜷缩起来，看上去就显得渺小许多。研究人员发现，更大、更志得意满的姿势与促进情绪与自信的化学物质的分泌密切相关。与此相反，更小、更蜷缩的姿势则更多地和挫败感以及力量不足联系在一起。

让我们重新回到陆地生物中来。你可能也已经注意到，自己的身体姿势会随着当前环境的变化而做出相应的改变：仅仅是单纯地昂首阔步，就能够与他人产生积极的社交互动，更容易获得他人的顺从；畏首畏尾的姿势则向周围人传递了一种无声的信号——我有什么事情搞错了。

身体姿势和情绪在深层次上存在着内在联系，但也因此很容易受到忽视。很多文化都在强调合理饮食、锻炼以及教育的重要性，却忽视了由蜷缩肩膀、目光低垂、习惯性胃部肌肉紧张，以及下颌收紧可能造成的影响。

* 玛丽·波平斯（Mary Poppins）：英国经典的文化符号——魔法保姆玛丽·波平斯，出自女作家帕梅拉·林登·特拉弗斯笔下。玛丽会撑着一把大伞从空中缓慢飘落，令淘气的孩子变得有礼貌，会帮助家长欣赏自己的孩子。——译者注

激素促进

由旧金山州立大学心理学系完成的一项研究表明，甚至连记忆的调取都会受到身体姿势的影响。坐姿没精打采的被试者更容易回忆起负面的往事，而如果采取端正的坐姿，被试者则更容易重现正面的记忆。此外，研究人员还发现，身体内的激素水平同样与身体姿势密不可分。没精打采的身体姿势似乎会提高皮质醇（被视为应激激素）的分泌，并削弱睾酮的分泌，而端正笔挺的身体姿势则能在提高睾酮分泌水平的同时降低皮质醇的分泌。睾酮在一定程度上起到了改善情绪状态、减少身体脂肪、加强心脏与骨骼力量，以及缓解易怒情绪和疲惫感的作用。因此，谈到情绪变化的时候，回想一下自己最近的站姿或坐姿可能会对你有所帮助。

血清素是一种同时存在于人体以及龙虾体内的激素，与幸福感、放松感、安全感等情绪状态有关。血清素水平低往往伴随着焦虑以及抑郁等情绪的出现，而平稳、均衡的血清素水平则是充满满足感、安全感，以及有能力做长远考虑、为未来进行规划的代名词。血清素的释放或抑制同样受身体姿势的影响。

正如当龙虾呈现自由舒展的姿势时，体内的血清素水平会有所提高，在人体内情况同样如此。20 世纪 90 年代，在由奥地利格拉茨大学和美国哈佛大学合作完成的一项研究中，科学家们发

现，当增加龙虾体内的血清素含量后，它们会表现出更具自信的姿势，如人体内血清素水平提高后在体态上展现出的变化一样。

为了打破焦虑或者潜在悲伤情绪的负面循环，舒展双肩、站直身体会给自己带来一种无声的暗示：你已经做好准备，并且具备足够的能力去应对外部世界的挑战。毫无疑问，这些姿势会促进血清素更为自如地流经大脑以及整个身体，继而有助于幸福感的增强，使自己的情绪趋于平稳，使身体发生积极的变化。

矫正的艺术

长期的不良姿势和行为模式需要耗费一定的时间去矫正。在瑜伽课上，教练经常会教导学员留心觉察身体，看是否有哪些部位的肌肉会感觉紧张。出现此种情况的部位通常是下颌、臀部、胸部以及胃部，并且紧张的状态可能会持续一整天。

《无尽的网：筋膜解剖学和物理现实》一书的作者 R. 路易斯·舒尔茨和罗丝玛丽·费提斯认为，这种微妙的潜在紧张状态与人类的基本情绪——恐惧感——有着直接的联系。他们的理论依据在于，婴儿在学习走路或奔跑时的恐惧模式，或者在生命早期习得的姿势与习惯，都会在后来的人生中继续保持，并且有时会导致人体出现慢性疼痛、焦虑等问题。

插画: SARAH WILKINS

“处于不稳定状态下的恐惧会导致人体出现各种无意识的变化——颈部僵直、脚趾紧抓、肩膀紧绷、臀部僵硬、下颌紧绷等。”二人对此解释道。在内循环模式的作用下，这些呈紧张状态的姿势会向大脑发出无声的信号，使大脑相信感觉恐惧确实有道理，或者至少应该保持一种充满戒备的警觉状态。

呼吸，同样与恐惧以及放松状态密切相关。两位作者相信，屏住呼吸是阻止自己切实感受到或体验到某种情绪或身体知觉的有效方法。他们提供了一个可以独立完成的小练习：保持坐下或躺平的姿势，集中注意力放松胃部，缓慢地呼吸，将空气深深地吸入，感受它一一途经你的肺部和胸腔，最后使胃部也膨胀起来。花几分钟时间做这样的呼吸练习，可以向身体快速且简单地传递“放松下来吧，完全没问题”的信号。一旦大脑亮起了“允许放松”的绿灯，长期以来束缚着整具身体的紧张状态就会得到缓解，此后继续延长呼吸练习的时间，上述那些感觉肌肉紧张的部位就会得到明显的放松。

从头到脚的小贴士

大脑就像一个记忆仓库，这也就意味着很多行为模式都来自过去经验的折射，会告诉身体以后应该如何行事。去花一些时间观察自己的行为模式：你走路时的步伐是大还是小？你的肩膀总是习惯性地处于紧绷状态吗？你的双手倾向于保持握拳姿势吗？当你想到某一特定主题或者为某项特定活动开始准备时，你会感到胃部肌肉好像在打结吗？对这些有所认识，是迈向改变之路的第一步。

屏住呼吸确实是一种能够屏蔽知觉和情绪的方式，它能阻止它们形成并任意流淌，屏蔽它们向大脑发出“大事不好”的信号。每天花一些时间进行缓慢且有意识的呼吸练习，会给你带来巨大的帮助，尤其是当你需要平息焦虑情绪的时候。

收腹会影响放松，妨碍身体处于最佳工作状态。大多数媒体认为一个柔软且显得轻微圆鼓鼓的胃部并不太适合在镜头前呈现，但让胃部肌肉放松确实是一种有效的减压方式，能够让你感到平静。同时，这也是日常生活中非常实用的简单减压方法。

哥伦比亚歌手夏奇拉曾和我们说起她的名言：“臀部从不会说谎。”实在所言不虚。臀部周围的肌肉会对横膈膜以及其他需要通过腰肌起作用的呼吸机制产生影响。臀部肌肉同样会影响身体整体形态的塑造。紧张的髋部屈肌会令身体紧绷，使人进入一种弯腰驼背的状态，而轻轻地放松大腿、臀部和下背部则可以缓解身体紧张以及各种由此而生的精神压力。

我们一路从头说到双脚，现在到了给予脚趾一定关注的时候了。常年穿着不合适的鞋子会令脚趾蜷曲地挤在一起，不仅增加了保持平衡的难度，而且会影响正常行走。双脚传来的不平衡感会使身体其他部位产生紧张或绷紧之感，所以请尝试赤足走路，充分舒展脚趾，可以帮助我们实现终极目标——更平衡的身心状态。

wellbeing

我们谈谈吧

作者：
安杰拉·瓦特
Angela Watt

有些时候，你不得不去传达一些坏消息。这是很艰难的任务，但还是有些办法可以让场面变得不那么压力重重，并且保证每个人都说出自己想说的话。

作为坏消息的接收者固然艰难，但是，当你不得不去传递一些坏消息时，会发现同样艰难。传递坏信息或许是你工作的一部分，比如你必须去提交进展不尽如人意的项目的反馈意见，或者通知某位员工在公司宣布职位削减后他将面临被裁的命运。没有人愿意去告知他人坏消息，但是类似的对话却通常让人无从逃避。例如，你可能发现因为自己的问题不得不令一位朋友失望地放弃旅行计划，或告诉年迈的父母新的工作机会意味着你将离他们更远。如果处在这种情况下，你有什么更好的应对措施吗？

这么做真的妥当吗？

如果你正打算开启这样一段对话，那事先做好充分的准备至关重要。不过，在那之前你可能还有一件事要做。罗比·莱特富特是 Authentic Solutions（英国一家帮助个人和企业挖掘潜力、实现发展的机构）的教练兼引导师，成立了一家工作室，开设了如何进行挑战性谈话的课程训练。他表示："在与人展开这种对话之前，首先，我会问自己：这样做是否妥当？我所说的一切是基于事实以及观察结果，还是基于假设？如果是后者的话，我要么找出事实，进而判断自己是否在做一件正确的事情，要么考虑是否还有其他的办法。举个例子来说，如果我想要就一件事给出我个人的反馈意见，我会先想有没有可能更好的选择是改善关系。这是在采取行动之前的关键一步，确保你通过对话完成的是一件正确的事情。"

我们很容易认为自己的观点是正确的，并以此为根据采取行动。因此，这个退后一步、以中肯的问题进行自省的初始步骤是非常有必要的，它意味着你在对内心的信念进行细致的审视。对同一种情况，从不同的角度加以审视（见第 96 页），有时甚至会向我们呈现一种全新的处理方式。并且，在进行棘手的对话之前，审视自己的精神状态也极为必要。你此时此刻的心情适合进行具有建设性的对话吗？如果你或者对话双方都感到激动或紧张，那么此时也许并不是什么对话的好时机。罗比强调："当你处于强烈的感情冲动状态中时，事情就会经由大脑反射性地出现，而非思考性地过滤，那么你所传递出来的更多是下意识的反应，而非理性的分析。如果有些话不得不说，那么就尽可能直截了当地说，预先想好自己要说什么，以及应该怎么说。"

有备而来

有些时候，我们找不到其他办法，艰难的对话无可避免。如果是这样，那么充分的准备、心理上的共情，以及在传递信息时积极替接受者考虑则是关键所在。

"你不能心存侥幸，要有备而来。"罗比解释说，"每件事都要至少进行过两次，一次是在你的脑海里，另一次是在你实际说的时候。"即使在正式会面或打电话之前，也要保持你的同情心，"考虑一下你的话听起来是什么效果，尝试着从听者的角度看待问题。换位思考一下，如果是你，会希望以什么样的方式知道这些信息"。

人力资源顾问维基·罗珀对此表示赞同："我倾向于确保自己有充分的准备。如果那是一

“如果有些话不得不说，那么就尽可能直截了当地说，
预先想好自己要说什么，以及应该怎么说。”

罗比·莱特富特

次工作会谈，比如说关于公司裁员，那么我希望能够提前了解公司对此的基本方针以及决定进行此番岗位削减的原因。另外，我还要为听者可能提出的问题做好准备，因此我要在交谈之前回顾一下诸如通知期限等情况。我会尽我所能地将尽量多的信息整合起来，或许是在会面之后对方可以拿走的（文件），或许是至少可供我在被提问时用来参照的具体细节。我将这一步称为事实准备。接下来要考虑的就是你将如何做到这一点，主要是如何找到平衡的状态，并表现出恰当程度的同情。”

平衡做法

对于有些人而言，保持这种平衡状态是一项非常艰难的任务。人们对坏消息的反应千变万化，因此不管你准备得多充分，结果还是会令你大吃一惊。甚至可能会出现要传递的信息被淹没在你奔涌的情感之中，这种可能性相当大。因此，如何保持平静，并以恰当且专业的方式传递信息呢？维基对此建议道：“在这种情况下，要记住少即是多。要尽量拥有同理心，但不要同情心过度泛滥，或过于感情用事。避免评论情况的糟糕程度，也不要说‘反正不是我的错’之类的话，表现得过于感情充沛很容易给人留下施恩于人的印象。如果传递此类信息是你工作的一部分，那么你就要掌握对它的所有权。站在礼貌且尊重人的立场上，留给听者消化消息的空间。你没必要跳出来将其间的空隙填补起来。但你也要做好准备，对方很可能在当下对你好感尽失。”

罗比对上述说法表示赞同：“开门见山，不要拖拖拉拉。”另外，他还认为有可能的话，划定一些界限很有必要，“如果你能为谈话设定正确的基调并且获得听者的认可，那么这将会对对话很有帮助。你可以说些诸如‘如果可以的话，接下来的 1 分钟我需要你认真地听我说完。之后你可以说任何你想说的，怎么说都行，但你要先给我 1 分钟把话说完’之类的话。”即使对方表现出不安或者愤怒，罗比也建议我们不要试图粉饰信息。“给他们一些空间，判断他们的状态，可以递过去一些纸巾或一杯水。但是，要记住坚持你的立场，不要让刚刚完成的工作功亏一篑。”

插画：AGNESE BICOCCHI

接下来怎么办?

有些时候，你没办法把情况变得更容易令人接受，听者不得不屈从于所得信息及其带来的影响。检视你是否知晓任何可为听者提供额外帮助的资源，就如何帮助以及在何处能够寻得帮助为他们提供建议。“如果对方遭到了裁员，那么就将关注点集中在实际的帮助与支援上。”维基建议，“或许你能提供一些关于打造个人简历或者面试技巧训练之类的建议。”

如果你认为当时的情况有可能进一步改善，那么可以就不同的做法也许会有不同结果分享一些具有建设性的反馈意见。例如，如果对方没有得到所面试求职的工作，那么你就可以回顾一下相关的评价以及备注事项，在未来如何改进能够提高面试通过率方面给出你的建议。你还可以指出某些具体的方向，以增强对方的资质或经验。

“当你给出反馈意见的时候，尽量帮助对方理解关于‘为什么’的问题。”罗比说道，“告诉他们一些切实有用的东西。如果他们的面试或者驾驶测试失败了，那么告诉他们有哪些地方本可以做得不一样，以及如果以后再遇到的话，有哪些地方应该改进。有可能的话，可以指出事情积极的一面。例如，在有些情况下，我喜欢指出他们做得不错的地方，但同时表示，其实他们还可以做得更好……随后我将告诉他们的事情往往就令他们将注意力集中到了未来。如果提供反馈意见对你而言非常困难，那么试着去触及事物真正的原因。多问一些开放性的问题，探索当下的情况，倘若你抵达了一个反馈信息可以被接受的位置，那么就切换到解决问题的模式。记住，表面的特征下可能暗含更深层的原因。你还要进一步考虑一旦信息被传递后引发的行动和推进方式。让对方能够控制自己的行为，如果还有下一步需要执行，也务必确保你自己同样如此。”

在进行过一次艰难的对话后感到精疲力竭、情绪激动或者惴惴不安都是非常正常的，因此，千万不要忘记自己同样需要被照顾。对此，维基表示：“在完成任务之后，你可能也会产生与人交流的需求。你需要从有共同遭遇的同伴那里获得支持，你需要找到一处安全之所。释放压力，非常重要。”

如果你刚刚和其他家庭成员或者朋友进行过艰难的交谈，罗比建议此刻最好出去散散步或直接去吃午餐。“有意识地尝试进入当下的状态，而不是非要做些什么，可以考虑和信任的朋友交流。上述种种从来都不是简单易办的，但从某种程度上来讲，也是一件好事，因为这意味着所进行的讨论很重要且每一次都需要认真准备。如果你感到（或者已经）精疲力竭，那从侧面说明你对所涉及的人员十分在意。”

向别人传达坏消息是一件非常困难的事情，但是充分计划、保持同情心和洞察力能够帮助我们体面地完成任务。

读懂对方的反应

和对方进行艰难的交谈或者告知其坏消息的另一个问题是，你完全无法预知对方会如何反应。想象一下自己在不同的情况下会有什么反应——不安、愤怒、困惑，又或者悄悄松了一口气？考虑一下对方可能出现的反应，可以帮助你做到有备而来，从而也就能看到事情的不同方面。罗比强调了6种最有可能出现的情况，对这些情况有所了解，可以帮助你找到更好的应对措施。

- 对方表示认同、道歉，或者接受现实。
- 对方部分或全部予以否认。
- 对方为自己以及他们的行为进行辩护。
- 对方将问题转嫁或推卸到他人身上。
- 对方拒绝面对现实。
- 对方表现出强烈的情绪反应，包括痛哭、不安或者愤怒。

无论对方的反应是什么，罗比都建议道：“你不必对他们的行为表示赞同，但你仍可对他们心怀同情，尽量避免想当然地去设想。你可以去询问他们需要什么，并且记住一点：那终究是他们的问题，不是你的。”

BREATHE

wellbeing

运动，同样过犹不及

如今，运动成瘾越来越成为人们关注的焦点，它在很大程度上也事关身材形象。当事情发展到明显过头的地步后，有哪些警告迹象是你必须注意的？

作者：
贝弗利·德席尔瓦
Beverley D'Silva

运动是一项良好的生活习惯，这种说法没问题吧？从孩提时代起，大多数人就将运动与健康、苗条、幸福等状态等同起来。毫无疑问，适度的运动确实有益于身心健康。

但是，就像食物、酒精以及购物一样，运动同样存在过度的风险，进而引起失衡以及痛苦。目前，英国约有 7 000 家健身房，并且这一数字还在以周为单位不断攀升，这意味着现在的运动机会之多创下了历史新高。另外，运动成瘾的风险也随之水涨船高。发表于《今日心理学》上的一项研究表明，前往健身房锻炼的英国人中，有近 3% 存在运动成瘾的问题；而在业余跑步爱好者群体中，这一比例骤升至 25%；在马拉松爱好者中，这一比例更是高达 50%。

不过，健康的运动态度由哪些因素构成？运动成瘾又因何而起？在伽柏·马特——一位研究成瘾心理学的专家——的获奖作品《饥饿鬼魂的王国》中，他将成瘾定义为“个体感到不得不坚持下去的、无视对自身或他人生命有何负面影响的任何重复性行为（无论是否与物质相关）”。

运动成瘾的迹象包括：

- 通过运动获得持久快感——并且随着快感阈值的升高而不断增加运动量。
- 如果没有进行运动，会感到一整天的生活都变得混乱或者被干扰。
- 如果被剥夺运动的机会，会出现戒断症状，包括焦虑、抑郁、内疚、紧张、食欲不振、失眠以及头疼等各种反应。
- 会在身体受创的情况下锻炼，且无视身体受到的伤害。

虽然运动成瘾并没有被正式定义为一种精神健康障碍，但人们对其越来越重视，并且有研究表明，运动成瘾很可能伴随其他更严重的问题——进食障碍。在运动成瘾的形成过程中，自尊心发挥了不容小觑的作用。对于凯瑟琳·施赖伯而言，这一点千真万确。作为一个年轻姑娘，她在自尊心以及身体认知方面遇到了困扰，感到“又令人难为情又深受其扰”，甚至觉得自己“过于丑陋”而无法上学。在她的青春时光里，正是运动帮助她缓解了对身体的消极认知。但是，她的运动频率却从最开始的每周两次逐渐发展为一天 3 次。

一旦自己的社交生活与去健身房的时间安排发生冲突，凯瑟琳就会感到十分焦虑。与此同时，她还严格控制自己的饮食，直到自己的体重减轻到不得不向别人寻求帮助的地步。虽然进食障碍得到了治疗，但她的运动习惯却没有得到任何改善。“那时没有人知道该怎么治疗。”对此她解释说。因此，凯瑟琳继续着自己繁重的运动任务。她的体重进一步骤降，由于过量运动带来的强烈压力，她的双脚发生了应力性骨折，脊柱也出现了椎间盘突出的问题，她的生理期停止了两年之久。根据她自己所述，“（我）完全无法和别人建立或维持一段亲密关系……我没有时间和朋友相处，也没有时间和伙伴们建立起更深的联系”。

虽然凯瑟琳的运动成瘾问题最初源于自卑的心理状态以及由运动带来的对身体的掌控感，但它后来发展成了一个独立的问题。“我是对具体的运动活动本身上瘾了。”她自己坦承道。如今已经 29 岁的凯瑟琳将自己的经历写成了一本书——《运动成瘾的真相》。她还与运动及营养专家希瑟·豪森堡、詹姆斯·斯莫里加合作撰写了一份报告，将运动成瘾定义为原发性运动成瘾和继发性运动成瘾。

原发性运动成瘾不仅与运动量有关，而且与其背后存在的运动动机有关，因此通常事关运动成绩，而与身体认知问题关系寥寥。至于继发性运动成瘾，其运动方面的问题则是由进食障碍所引起的，并且通常出于控制体重的目的。

游移于两种成瘾类型之间的凯瑟琳最终获得了帮助，并且通过正念认知的方法达到了一种更好的状态。如今她仍保持着每天运动的习惯，但会将时长控制在更为合理的 45 分钟，同时她很确定那不是一种“强制性的、凌驾于一切事物之上的压倒性活动”。

在一般人看来，禅宗瑜伽工作室不可能是让劳拉发展出运动成瘾的地方。与学校里的其

插画：SILVIA STECHER

他同学相比，她的个子更高，身材更苗条，但是她对自己的与众不同深恶痛绝。随着紧张的大学入学考试的临近，劳拉变得越发被自己的外形困扰："我感到自己和她们是如此格格不入……她们都娇小可人、曲线优美，并且充满女人味。我觉得相比之下自己显得笨拙而臃肿——就像一头大象。我开始厌恶自己的身体。"

尽管身高 6 英尺（约 1.83 米）的劳拉体重只有 7.5 英石（约 47.63 千克），但她还是严格控制每日摄入的卡路里。"我发现处于饥饿状态能够让我感到'轻盈'，但除此之外，我变得越来越焦虑，并出现了令人恐惧的失衡感。"劳拉的母亲为此忧心忡忡，迫切地想要找到能令女儿镇静下来的办法。最终，她开始带劳拉去上瑜伽课。

"我确实非常享受在瑜伽工作室的感觉。"劳拉说道，"那里几乎全是女性，让我很有安全感。和男孩相处时，我总是很害羞，并且我似乎对自己的性别存在一定的恐惧心理。我开始沉浸其中，并且每天练习两小时的瑜伽。但瑜伽工作室同样是一个大熔炉，使我不断地将自己与他人进行比较。我依然感觉自己很胖……所以我在课后或者课间又开始跑步。

"很奇怪的一点是，我的家人觉得我积极运动很不错，但我现在意识到运动是一种自己的身体以及情感上所感受到的痛苦得以麻木的方式。"

情感联系

在劳拉的例子中，有一项自我疗愈的整体性练习——转化式呼吸——帮助她克服了运动成瘾，扭转了她对于身体的消极认知。"在初次尝试时，我便感觉到，我的身体和感受多年来终于第一次联系到了一起。我全身上下都感到很自在。"

这项练习令她意识到以前所背负的种种重担，实际上有一定的情绪根源。她不再用长时间的瑜伽练习和过量的跑步来折磨自己的身体，而是开始与自己的身体建立起友好的相处模式。"我逐渐学会将感受作为一种感觉本身去接受。呼吸给我带来一种平衡和安宁的感觉，那是我从来不曾奢望过的。"

对于任何怀疑自己已经出现或正在发展出运动成瘾症状的人而言，首先要做的就是寻求帮助——如今人们对这种情况已经有了更多认知，你的家庭医生便能够为你提供相应的治疗方案。不过，到目前为止，还没有药物被批准用于治疗运动成瘾性行为，可选用的治疗手段包括心理治疗、强化家庭支持结构，以及认知行为治疗等，由此建立起健康的运动观，而非完全阻止个人去运动。

运动依赖程度量表

这一量表是由运动科学家希瑟·奥桑布拉和丹尼尔·西蒙斯·唐斯共同设计的，旨在判断人们是否存在发展出“不平衡的运动习惯导致显著的临床损伤或者痛苦”的风险。如果人们出现了下述3种或3种以上的特征，就意味着有可能运动成瘾。

- **耐受**
为了实现理想中的精神状态或身体状态，或由于同等运动量所带来的效用降低，不断产生增加运动量的需求。
- **戒断**
如果无法运动，就会出现诸如焦虑、疲惫等症状，或必须通过强制性锻炼来消除类似情绪的影响。
- **意图效应**
在通常情况下，完成的运动量以及运动时间都远远超出预期。
- **失控**
对运动产生执念，无力减少或控制运动量。
- **时间**
赋予运动以超越其他一切事物的优先级，并且在其他事情上花时间也是为了锻炼（例如开展体育活动的假期）。
- **减少其他活动**
放弃或减少社交和职业方面以及其他娱乐性活动，以便腾出更多时间去运动。
- **持续性**
无视运动可能会导致甚至加剧持续性或反复性的身心问题（例如已经受伤却坚持跑步）。

小睡一下，世界都变明亮了

如果你想要振奋精神、提高工作效率的话，
白天小睡一下是最明智的选择。

作者：
埃玛·纽林
Emma Newlyn

在现代社会生存实在是太累了，令人精疲力竭，以至于睡眠以及与睡眠相关的种种已经成了最常被人们讨论的话题，并且频频成为媒体关注的焦点。情绪低落、渴望甜食、头脑昏沉、情绪崩溃、焦虑、疼痛等症状，以及修复肌肉和细胞的能力，这些全都受到个人睡眠时长和睡眠质量的影响。

但是，为什么睡眠的时间、地点以及质量如此重要？为什么有些人能酣畅地一觉睡足 8 小时，而另外一些人则只能干瞪着屋顶的天花板，无论如何难以入眠呢？究竟长睡一整晚是最自然的状态，还是白天多次小睡也能同样有效？小睡是不是懒惰的象征？在下午小睡是否会令疲惫的身体以及混乱的精神快速恢复？

最具代表性的建议，即保证每晚 8 小时的充足睡眠。实际上，这并不能算作真正的标准。相反，8 小时充足睡眠的需要似乎是最近才出现的一种说法。根据很多史料记载，人类确实需要 8 小时的睡眠周期，但会分为两个部分。以前，古代人在天刚擦黑时便上床睡觉，平均睡眠时长为 4 小时，此后自然转醒并保持几个小时的清醒时间——他们利用这段时间思索此前的梦境、进行冥想和祈祷等——之后再自然而然地进入另外 4 小时的睡眠阶段。这种两段式的睡眠模式直到电灯被发明出来之前都非常普遍。直到电灯照亮了房屋和街道，点亮了人们的夜生活，开启了外出消磨夜晚时光的新文化。

插画：CÉLESTE WALLAERT

“在下午小睡一会儿是提高工作效率的利器。”

阿里安娜·赫芬顿

随着用餐、喝酒、跳舞直至深夜变得越发流行，构成 8 小时睡眠的两段之间的时间间隔被压缩得越来越短。人们不再日落而息，而是很晚才休息，并一觉睡到天亮。这一变化，伴随着工业革命后工作及学校的作息、商店和工厂的开门时间的调整，最终形成了如今 8 小时睡眠时间的传统。

分段睡眠始终是人们研究的对象。在 20 世纪 90 年代早期，由精神病学家托马斯·韦尔领导的小组进行了一项实验，被试者每天被投入黑暗环境中长达 14 小时。当实验进行到第 4 周时，被试者似乎出现了一种独特的睡眠模式：先入睡 4 小时左右，此后清醒约两小时，再回到睡眠状态，睡上 4 小时。正如几百年前的人类所做的那样。

并非所有人类文化都遵循晚上进入一段长时间的睡眠状态，到了白天再满血复活的模式。尤其是生活在较温暖气候中的地中海地区以及欧洲南部的人并不是这种模式。西班牙人是在一天中最热的时候午休，通常是在吃完午饭之后。如果你感到在午饭之后需要小睡，其背后可能有多方面原因，包括糟糕的午餐选择——例如一顿碳水化合物含量过高的大餐，或者前一晚睡得太晚，早上起了个大早等。熬夜或早起意味着疲惫感会在午后因体内平衡睡眠的倾向而袭来——指身体由于长时间处于清醒状态，需要不断找回平衡和内稳态而出现的对睡眠的渴望。午后需要小睡的另一个原因是身体的昼夜节律，那是一个 24 小时的生物钟。在下午 3 点左右，人的精神会跌至低谷。

自然习惯

认识到自己需要小睡是再正常不过的，即使在白天小睡，也并不等同于懒惰，这两点非常重要。实际上，已经有研究表明，85% 的哺乳动物是多段睡眠者，这意味着它们会在一天中不同的时段睡上一定时间。

在现代世界中，在这个充斥着各种大企业的社会里，人们的疲惫感不断增加，工作压力也随之增大，不眠不休被视为光荣和坚忍的象征。因此，我们就很容易理解为什么睡眠不足的问题并没有受到大企业们的认真对待，以及小睡的重要性何以被严重曲解。

任何想要达到最佳状态的人——无论是在工作上，还是在亲密关系中，或者更宽泛的家庭和生活里——都能在意识到照顾自己和睡眠的重要性后，从中获益良多。小睡不仅不会浪费时间，反而能大大提高我们的工作效率。

提神酒的替代品

“当你感到自己吃完午饭后反应变得迟钝，那是身体在向你发出响亮而又清晰的信号——我需要休息。”奥布里·马库斯在他的作品《拥有一天，拥有你的生活》中如此写道。在加利福尼亚出生的奥布里是 Onnita（美国的一个健身、保健品牌）的创始人兼首席执行官。Onnita 集社区、在线平台以及资源库于一体，旨在通过补充营养、科学研究、健身设备以及最新的生物黑客技术和建议来促进人类的全面优化。“（历史上）有很多著名的瞌睡虫，但他们都以工作效率高而闻名，”他说道，“比如温斯顿· 丘吉尔、约翰· F. 肯尼迪、罗纳德·威尔逊·里根、拿破仑·波拿巴、阿尔伯特·爱因斯坦和托马斯·阿尔瓦·爱迪生。”

也有研究表明，在推动认知以及身体功能方面，小睡显然要比咖啡因有益且高效。奥布里在书中写道，小睡已被证实可以“提高人的逻辑推理能力、缩短反应时间并增强免疫功能”。2008 年，由赖斯特郡的拉夫堡大学的睡眠研究人员进行的一项实验更为这种说法提供了有力支持。研究人员挑选了一组健康的成年被试者，要求他们在正常的整晚睡眠之外，分别采取以下睡眠方式：额外多睡 90 分钟，午后小睡 20 分钟或者喝一杯咖啡。实验表明，午后小睡 20 分钟的那组被试者无论是在身体方面还是精神方面，相较其他组被试者都表现出了更大的提升。整个下午，他们明显更为机敏，精力更充沛，注意力也更集中。

据此，研究人员在实验后得出结论：“在消除中等程度的困乏状态上，与适时的小睡相比，延长整晚睡眠时间、摄入咖啡因几乎可以说是多余且无用的。”

如何小睡

哪怕是那些视小睡为洪水猛兽的知名大公司，如今也意识到小睡在工作中非常重要。包括运输供应商优步、技术巨头谷歌以及冰激凌巨擘本杰瑞等大公司在内，一致认为快乐且得到了充分休息的员工才会有更高的生产力。

当然了，知晓小睡对你有好处并不意味着你能轻而易举地从中受益，尤其是在时间紧张到连午饭都没空吃的繁忙工作日里。尽管如此，我们还是试着去感受小睡带来的好处，并想方设法将其纳入日常生活节奏中，这对你是大有裨益的。毕竟，只有当你真正开始多吃蔬菜和水果了，才有可能体会到它们给身体带来的好处。小睡对你来说同样如此。

那么，如何小睡呢？美国爱达荷州的生物黑客兼播客主播本·格林菲尔德将注意力更多地放在了每周建立 30~35 个睡眠周期上，而非针对每晚 8 小时的睡眠时间施加过大的压力。每个睡眠周期大致在 90 分钟，包括了 5 个不同阶段：前 4 个阶段完成从“浅眠”到“深度睡眠”的过渡，最后为 REM 阶段，也就是伴随着梦境的快速眼动睡眠阶段。

与单纯地躺在床上数着自己应该睡多少个小时并尽力实现整晚睡眠相比，专注于一种由 30~35 个睡眠周期构成的理想睡眠状态，对身体更有益处。这并不意味着每次小睡都要长达 90 分钟，一个有效的睡眠周期时长也可能在 20 ~ 30 分钟。“这样可以挤出额外的睡眠周期，以便你能够更好地实现每周理想的睡眠定额。”本如此说道，“另外，我还发现小睡能在我的日常一天中划分出两个高效的时段，而不仅仅是一个高效的早晨。”

对于如何有效小睡并获得高效的一天，本给出了两条建议：到室外感受晨间的日光，因为其中有更多焕活能量的蓝光波；将你的休息时间设定在起床后的 5~7 小时后，因为那时你能感受到皮质醇激素水平在自然降低。奥布里还补充道，在下午的早些时候找个时间——如果可能的话——到一个凉爽、安静的地方让大脑放松下来，这对你会非常有帮助。

跟上节奏

或许促使大脑放松下来、为午后小睡做好准备的有效方式之一就是利用双耳节拍，也就是让左耳和右耳分别聆听两种不同频率的音调，从而激活大脑内的特定系统。如今，受数千年来不同文化使用声音频率的启发，诞生了大量关于促进小睡的应用程序，比如 Brain FM 和 Binaural Beats 等。1990 年，科学家梅琳达・马克斯菲尔德开展了一项以实验室为基础的研究，揭示出古文明的宗教仪式中使用的缓慢、平稳的鼓点大约是每秒敲击 4.5 下，这在古文明的部落中使大家处于一种近乎恍惚的状态。因为大脑随之切换到了每秒 4.5 下的频率，刚好与最常在睡眠状态中出现的低频塞塔（theta）脑波相吻合——利用双耳节拍也可以实现同样的效果。

为了增强小睡的效果，为短暂的小憩营造一个尤其有益的环境，你可以尝试一下塞塔脑波夹带 *，让它指引大脑进入自己休息和释放的地带。不过，你首先需要找到一个适合小睡的空间——无论是物理环境还是象征意义上的空间。这种方法看起来或许简单而平凡无奇，简直不费吹灰之力，但当你完全沉浸其中——不再高速运转、放下所有戒备——20~30 分钟后，你就会感受到小睡所带来的巨大力量，并且整个世界似乎变得更加清晰、明亮了。

* 虽然塞塔脑波夹带对大多数人有效，但还是建议读者在尝试使用任何睡眠辅助手段之前咨询一下家庭医生。

只有为数不多的人真正用眼睛
去看、用头脑去思考。

_ 阿尔伯特·爱因斯坦

生活
LIVING

嗅闻通往幸福之路

无论是翻看老照片、聆听动人的音乐，还是紧紧依偎在温暖又柔软的宠物身旁，从早上醒来直到重新将头埋进枕头的那一刻，我们的感官都在持续不断地满足着我们。不过，我们的嗅觉到底是什么呢？它究竟是一种为了支持其他感官而存在的附加功能，还是说嗅觉感官指引的才是通往幸福、满足的康庄大道？

作者：
玛莎 · 罗伯茨
Martha Roberts

猜想一下你能分辨出多少种气味。科学家一度认为，人类的鼻子大约能够探测到 10 000 种不同的气味。但是，洛克菲勒大学在 2014 年进行的一项研究表明，人类实际上至少能够分辨出 10 000 亿种独特的气味。除此之外，另有研究表明，在时隔 12 个月之后，人类仍能以 65% 的精确性回想起当时闻到的气味，而与之相应的视觉回忆在 3 个月之后只有 50% 的精确性。如此看来，嗅觉在人类感官中似乎占据着最重要的支配地位。

嗅觉有一系列存在的理由，从对危险发出警告到帮助人们品尝和享受美食。作为一种化学感受——另外一种是味觉——嗅觉不断评估着周围环境，并据此做出预测，比如是否有食物或者其他人存在。1988 年，在霍华德・埃利希曼和杰克・N. 哈尔佩恩发表的文章《情感与记忆：令人愉快或不快的气味对提取快乐和悲伤记忆的影响》中，他们解释了我们如何能不假思索地做出上述评估和预测。嗅觉，在我们尚未被娩出母体时便已经存在，发育中的胎儿通过羊水传递来的母亲饮食中的气味分子来了解不同味道。

精神治疗医师尼克・戴维斯表示："我们的大脑与涌入其中的成千上万条碎片化信息持续不断地展开交战：光频、声音、触觉、味觉等，它们都经由丘脑传递到大脑，从而使大脑对我们是否安全、是否需要更多信息，或者是否面临迫在眉睫的威胁做出判断。其中唯一能绕过丘脑直接抵达大脑的就是嗅觉信息——我们的 5 种感觉中最古老的一种。在动物群体中，个体能够从他者身上嗅闻到‘危险’的味道，迅速刺激脑中的杏仁核——负责探测危险并对此做出反应的部位，因此个体得以快速采取行动，化险为夷。”

尽管嗅觉系统是一项奇妙的预警装置，但越来越多的研究表明它的重要性远不止如此——嗅觉还会令人更快乐、更友好。The Balance Coach（平衡教练）组织的海伦·霍普金斯说道：“嗅觉是人类的 5 种感觉中最强大的一种，从而使得气味成为触发美好回忆的必要条件。当我们深吸一口气的时候，其中的气味就会直抵脑中的情感中枢。”

已经有大量研究表明薰衣草的气味能够帮助人们缓解压力（即使对新生儿也同样有效）。韩国的研究则进一步发现，实验室中的老鼠在嗅闻过烘焙的咖啡豆气味后，体内的压力水平也表现出明显降低。美国威林耶稣大学的研究员们发现，对竞技运动员而言，薄荷的气味可以有效调动他们的情绪和积极性。宜人的芳香同样能帮助人感到更积极向上、更有动力，也更容易唤起美好的回忆。

“我们的嗅觉会把我们直接带到回忆之中，而不是在解码之前先到过往经历中进行一番信息检索。”尼克说，“在回忆的提取方面，嗅觉无疑是所有感觉中最具准确性的。”

嗅觉在已经发生退行性病变的大脑中会出现退化，如患阿尔茨海默病的患者。2016 年的一项研究表明，在某些情况下，对诸如柠檬、薄荷、草莓之类气味的遗忘正是阿尔茨海默病的早期征兆。相应地，将阿尔茨海默病患者置于唤起性的气味中，能够很好地帮助他们重新建立起与过往积极事件之间的联系。本·阿特金森 – 威尔是 Active Minds（积极思维）的创始人，那是一家专门为阿尔茨海默病患者制作活动产品的公司，其中包括香薰产品，它可以将各种普遍性体验——例如置身于花园、列车、工具房之中等——的声音以及气味结合起来。

本认为：“嗅觉在人的精神健康方面发挥了巨大的作用，与我们的心情以及调动情绪的能力有直接的联系。不同的气味会直接对人的情绪造成不同的影响，还可以引发放松的感受。这一特性对于那些阿尔茨海默病患者而言无疑是极大的福音，因为知觉疗法中便包括了使用患者熟悉的气味，以此触发其积极的情感和回忆，直接改善患者的精神状态。”

嗅觉的缺失——无论是事故还是疾病所造成的——都会导致人有一种与周围世界隔离的感觉。2015 年，韩国的一项研究表明，嗅觉功能退化或完全失去嗅觉（我们所说的嗅觉缺失症）的人有更高的患抑郁甚至自杀风险。这种情况也同样会产生相反的作用方式。2016 年，发表在期刊《化学感觉》上的一篇文章指出，与精神状况良好的人相比，饱受抑郁症困扰的人群会同样伴随着嗅觉功能的下降。

有证据表明，某些特定的气味能够令人更加快乐，但这也意味着个人化的气味预示了我

图片：SHUTTERSTOCK.COM

们对于他人而言所能带来的愉悦程度。荷兰乌特勒支大学的科学家发现，在进行化学信号传递的过程中，人们会在毫无意识的情况下出现“情感上的同步化”。研究人员将衬垫放在实验参与者的腋窝处，然后让他们观看不同的电影片段，由此收集到了他们在各种状态下产生的汗液——快乐的、恐惧的，或者不带任何感情色彩的。

此后，研究人员将衬垫剪碎，放进广口瓶里，拿给一组实验被试者随机嗅闻。当被试者进行这项任务的时候，研究人员则开始评估他们面部肌肉的活动差异，将其作为被试者正经历着的情感体验的表现。研究人员发现，嗅闻“快乐的”汗液令被试者露出了比嗅闻“恐惧的”或者“不带任何感情色彩的”汗液时更快乐的表情。研究人员表示，这项发表在《心理科学》期刊上的研究证明了“积极的状态（幸福）能够通过气味传递”。

总而言之，拥有嗅觉令人类更加幸福。海伦说道：“嗅觉实在是独一无二。哪怕一丝最轻微的熟悉的味道，也会立刻将我们带回某人身边，回到某个地点或场景之中，就好像我们又将那些回忆和情感重新经历了一遍。我相信拥有嗅觉将极大地增强人们的幸福感，令人精神为之一振。”

气味会令我们更友好吗?

2012 年，南布列塔尼大学进行的一项研究表明，烤面包的香味会令人们对陌生人更加友好。8 名志愿者在一家面包房外假装不小心掉落了一些私人物品，比如一只手套或者一包面巾纸，有 77% 的陌生人会帮助他们捡拾起来。与此形成对比的是，当志愿者在服装店外做出同样的掉落行为时，只有 52% 的陌生人伸出了援手。科学家们说这项发表于《社会心理学杂志》的实验“证实了环境中的食物气味在利他主义中所起到的作用”。

嗅觉奇迹

◇ **在甜美的气息中进入梦乡**

德国的一项研究表明，气味会影响人类所做梦境的质量。在研究中，分别有玫瑰花和臭鸡蛋的气味从正处于快速眼动睡眠阶段（做梦）的志愿者们的鼻子前飘过。科学家发现，闻着玫瑰花香的志愿者的梦境基调更为积极。因此，睡前在窗前摆放香气宜人的鲜花或者点燃一支香薰蜡烛会有助于我们一夜好梦。

◇ **更换寝具**

2015 年，英国有远见者联合会（British United Provident Association，简称 BUPA）经研究发现，“安睡于气味清新的床上”位列“50 项令人快乐之事”的榜首。所以，除了在卧室中摆放鲜花外，经常更换寝具也有助于提高你的幸福指数。

◇ **拥有一间快乐厨房**

根据有远见者联合会的研究，新鲜出炉的面包、培根三明治、美酒等气味会带给人们幸福感。2014 年，伦敦大学知觉研究中心完成的一项研究发现，草莓是“最使人快乐”的水果——仅仅想象一下吃草莓的情景，就有 86% 的人报告说感到更放松。巴里 · 史密斯教授指出，正是草莓独特的香气唤起了人们美好的回忆。不过，将在何处食用具有幸福气味的食物纳入考虑范围之后，经研究发现，当出去野餐或在周围有除草机声音的地方食用草莓时，草莓的味道会变得更加鲜美，而在办公室或通勤过程中出现噪声时食用草莓，结果则恰好相反。

◇ **建立属于自己的气味图书馆**

有研究表明，高达 75% 的人类情感由气味触发。例如，研究人员发现，最能引起童年回忆的气味之一就是蜡笔的味道——有 85% 的人在闻到蜡笔的味道或带有蜡笔味道的钢笔气味时会想到自己的童年。蜡笔的味道对你而言可能是一个积极的回忆触发点，不过，触发点同样也有可能是柏油路或者刚刚修剪过的青草。收集属于自己的回忆性气味，并在需要动力的时候嗅闻它们。

利用气味锚定你的快乐感

尼克·戴维斯说道：“你可以使用一种名为‘锚定’的神经语言程序学技巧来重建积极的情绪。”这里提供了如何利用嗅觉重拾快乐感的方法。

- 准备好你选择的气味。不过，你需要先用盖子将它封住，或者把它放在你闻不到的地方。
- 回忆一段处于积极的情感状态之中的往事，最好是那种你愿意随时去回想的记忆，然后写下你在那段时光中的所见所闻以及所感。
- 按照从 0 到 10 的级别对情感状态进行评级—— 0 代表完全没感觉，10 则代表那是你曾有过的最棒的感受。
- 让回忆在你的脑海中变得尽可能清晰。出现在你脑海里的画面以及声音应该是鲜活而充满生机的，让那种棒极了的感觉重新涤荡你的身心。在进行下一步之前，你要确保该回忆在你的情感状态中评级至少是 7。
- 当积极的情绪升腾时，深吸一口准备好的气味，令二者之间建立起联系。
- 通过思考一些诸如“我早饭都吃了些什么”或“上个星期二的早上我做了什么”之类的随机问题，分散你的注意力。
- 现在，检验一下锚定的效果吧：再次嗅闻准备好的气味，看它是否能帮你重温美好过往。
- 如果气味与情绪联系得还不够紧密，那便重复这项练习。

living

失败了也没关系

作者：
伊丽莎白·贝内特
Elizabeth Bennett

对失败的恐惧是可以理解的，但没必要被它消耗掉一切。失望是生活中无法避免的情绪，学习如何战胜逆境，踏过错误继续前行，这会为你打开充满无限可能性的新世界的大门。

在这个可以通过社交媒体进行分享及自我推销的数字时代，我们很容易产生每个人都过得特别成功的感觉。然而遗憾的是，我们通常只要看看自己以及身边人的生活，就会明白事实并非如此。

失败是生活的基本事实。亲密关系并不总能维持下去，工作可能有丢了的一天，做生意或许会遭遇经济困难，特定家庭成员或朋友间的关系变得复杂难懂，诸如此类。一些失望情绪在所难免，因此，你如何处理这些情绪便成为问题的关键。实际上，通常正是失败教会了我们生活中最重要的一课，并且引领我们产生了最重要的变化，以及成长时期。

职业生涯教练爱丽丝·斯特普尔顿很清楚如果出于对失败的恐惧而克制自己意味着什么。“你不可能在没有任何失败风险的情况下做出新的尝试或继续往前一步。”她说道，“失败非常关键，正是从中吸取了错误的教训，从而使你意识到下一次需要采用不同的做法。想要知晓一切是不可能的，而事情最终会变成什么样子，在实现大多数目标之前，你都无法预测。”

那么，输得漂亮的关键是什么？就像生活中的大多数事情一样，这事关从何种角度看待失败。“从童年时代起，我们就被教育道失败是一种‘错误’，而作为成年人，我们要重新教育自己事实并非如此。”健康教练帕德马·科拉姆说道，“生活不可能不经受颠簸，但你要记住一点：它们并不是通往未来成功之路的障碍。”帕德马以学习骑自行车作为类比，分享了他的种种观察结果：“我们可能连续 4 次跌倒在地，但是如果你继续尝试第 5 次，你或许就成功了，此后可以随心所欲地骑自行车。”

同样地，你也要记住的另一点是，失败只是我们漫长旅程中途经的一部分，远非最后的终点。例如，爱丽丝就建议我们对失败保持好奇心：“将失败看作关于下次需要做哪些不同尝试的一次独特的学习机会。”

此外，有必要指出的是，不要因为失败而苛责自己，你要知道，十次失败中有九次可能错误并不在你。以做生意为例，一项小买卖可能会出于各种原因而以失败告终，包括市场、时机或者供应商等。“你要考虑到外界环境以及各种超出你控制范围的因素，从中有所学习，而不是一味自责或是责怪自己的不足之处。”爱丽丝补充道。

失败还能帮你建立恢复力，这是非常重要的技能，但这一点往往被人们忽略了。“将失败视为一个能力将会触底反弹的提升机会。”爱丽丝解释说，“你的恢复力越强，你在未来就会越有自信挑战未知事物。”意识到在失败背后存在着一线希望非常重要，但这并不会让事情变得更容易令人接受。接受失败是一个不可或缺的过程，这一步绝对不可以被略过。“如果你遭受了严重的挫折，对你所感受到的情绪报以尊重的态度至关重要。”帕德马说道，“无论那是痛苦、悲伤，还是愤怒，你都要保证自己在切实地感受它。保持对它的感知并接受它，你不能逃避这个悲伤的过程。”

失败往往会引起恐惧。比如，当你结束了一段感情或者失业的时候，很可能会对未来如何发展充满焦虑。“在这种时刻，我们的身体就开启了‘战或逃’模式，我们的自我意识彻底罢工。在这个当口，最重要的是先给自己足够的时间去疗

插画：TAJA SPASSKOVA

愈。你可以尝试出去散步、看电影，从头开始做一顿饭，或者做其他你感到对自己有用的事情。当你开始感到放松，觉得头脑变得清晰一些的时候，将感受到的每一件事写下来，这样做能帮助你从一个更中立的视角看待整个状况。”帕德马建议道。

相信自我

爱丽丝建议我们优先安排自我反思的时间，尤其重要的是，不必把失败放在心上，要向前看。“要专注于未来以及眼下你正在做的事情，而不是一遍遍细想过去已经无法改变的种种情况。”她分析道，“将注意力集中在你能控制的事情上，而不是那些你无能为力的事情上。”

励志演说家杰克·坎菲尔德表示：“你想要的一切都存在于恐惧的另一边。”虽然有时我们会选择忽略这一点，但生命中最重要的东西——爱、成功、幸福等，没有什么是完全来自且固执地扎根于你的舒适区中。无论是一段新的关系、重新定位，还是投入一项新的爱好或者计划中，你都需要以某种方式摆脱对过去失败的恐惧。

爱丽丝有一个简单的方法：首先，你要找到一种方式，去相信自己以及自己的能力。“更多地支持自己，相信自己的能力、决策的能力，以及取得成功的能力。”

其次，从实践意义上来讲，拥有一个备选计划能增强你的自尊心，令你更有信心去实现飞跃。“如果你问自己：‘假如失败了怎么办？’那么就简单地回答这个问题。万一事情不成功怎么办？找到一个能让你感到同样快乐的备选方案，从而减轻初始目标带来的压力。”

对于如何摆脱失败，爱丽丝给出了自己的 3 条秘诀：

- 在你前进的路上，设立容易完成且不会失败的微小目标。这样做，你就会产生进步和成功的感觉。
- 无论面对什么样的挫折和障碍，要始终相信自己的能力。
- 接受失败很有可能也是旅途的一部分这个事实。如果你能提前做好准备，失败时你就不会感到措手不及。

无坚不摧的力量

以下6个人的经历证明了挫折是成功的重要组成部分。

- 阿尔伯特·爱因斯坦

尽管这位伟大的物理学家建立了相对论，但他直到7岁才学会阅读。在青少年时期，他甚至因为完全不想学习而被学校开除。

- 安娜·温图尔

这位美国版《时尚》杂志极具影响力的长青总编辑曾经被纽约的《时尚芭莎》杂志辞退，而那距离她入职仅仅只有9个月。

- 阿丽安娜·赫芬顿

这位作者以及传媒巨擘《赫芬顿邮报》的联合创始人，在她的第二本书想要出版时，遭到了36家出版商的拒绝。

- 比尔·盖茨

这位技术巨头做的第一笔生意，一家名为"Traf-O-Data"的公司，以失败告终。随后他建立了如今据称价值950亿美元的微软公司。

- 麦当娜

这位流行天后放弃了她在密歇根大学获得的舞蹈奖学金，只身前往纽约追寻自己的明星梦。她在唐恩都乐（美国一家快餐连锁品牌）找到了一份工作，但仅仅工作一天后就被辞退了。

- 史蒂文·斯皮尔伯格

这位凭借大片获得奥斯卡奖的导演曾被南加利福尼亚大学的电影学院拒绝过3次。

living

停止抱怨，提出你的需求

通过一种建设性的方式去抱怨生活中的琐事，可以将消极的感受转化为积极的行动，从而令生活有所改善。

作者：
玛莎·罗伯茨
Martha Roberts

说到抱怨，跃入你脑海之中的画面是什么样的？是情绪变得越发激动、慌乱，并且感觉自己在制造不必要的麻烦？如果是这样的话，那么你并不是个例：2016 年进行的一项研究表明，尽管大多数人相信在不开心的时候应该抱怨，但对于抱怨，我们依然认为其带来的麻烦远多于其带来的价值。然而，还有研究表明，维护自己以及自己的权益，实际上可以通过令其需求得以满足、带来更强烈的满足感等方式，增强幸福感。实际情况真的是这样吗？倘若果真如此，那么问题的关键就变成了应该如何抱怨。

我们为什么抱怨?

假设你到一家餐馆去用餐，服务员端上来的食物却是凉的。此时你会怎么做？是默默在心里抱怨几句还是把食物退回去？假设你在网上购买的商品发错了，你会因为退换条件而焦虑，把它作为一笔坏账接受了，还是会联系卖家并声明你的权利？据数据显示，大多数人面对这些情况时会选择保持沉默，而不是站出来并进行抱怨。

2016 年，英国议会和卫生服务监察员进行了一项关于人们对抱怨持何种态度的国家调查。据调查结果显示，尽管有 90% 的人相信如果对所得到的服务感到不满理应抱怨，但只有 1/3 的人会真的去抱怨。

治疗师、训练员以及演讲者尼克・戴维斯指出，人们之所以没有进行合理的抱怨是有重要原因的。“因为（大脑）对争执抱有强烈的恐惧，大多数人对正面冲突采取完全逃避的态度。毕竟对生活在史前部落的人类祖先而言，冲突通常意味着死亡或者严重伤害。”

尽管已经知晓抱怨并非必然会导致灾难性后果，但你仍有可能对它相当抵触。这是否和“抱怨了也没用”的观念有关？一项针对线上客户投诉的调查显示，虽然 70% 的消费者希望自己的投诉意见能够被看到，但只有 38% 的消费者获得了满意的结果。

心理学家、《领导者的正念指南》一书的作者奥德丽・唐表示：“在开始抱怨之前，我们通常已经认识到该情况确实糟糕，所以等到抱怨时，我们变得情绪化，从而没能让我们的观点得到理解。并且，由于大多数人并不知道怎样有效地处理投诉，或者有时根本没有任何权利对此做出回应而使情况变得更加糟糕。”

综合上述情况，所造成的结果就是很多人把自己的抱怨憋在心里，或者逢人便说他们感到多么心烦意乱——对每个人都说，除了那些面对当下情况真正有可能去做些什么的人。

抱怨有益于身体还是会损害健康?

一方面，很多专家认为，抱怨不利于身体健康，它会损伤人的记忆力、增加压力激素皮质醇的分泌水平。专家还相信，虽然自己充满抱怨已经一团糟了，但聆听他人的抱怨会同样糟糕。《为什么斑马不会得溃疡》一书的作者罗伯特・萨波斯基指出，每天只要短暂地身处充满抱怨和消极性情景中（包括从电视上看到）30 分钟，便足以对人的大脑构成实质性伤害。罗伯特认为，暴露在充满抱怨和消极性情景之中会使人的大脑出现和承受压力时相似的情感反应。

另一方面，以恰当的方式进行抱怨可能会切实促进你的身体健康、增强幸福感。2014 年完成的一项研究考察了正念、快乐以及表达困扰三者之间的关系。该研究的作者，克莱姆森大学的罗宾・科尔瓦斯基教授在发表于《社会心理学杂志》上的研究论文中表示，对得到明确结果心怀希望的抱怨者比那些仅仅为了抱怨而抱怨的人更快乐。“有策略性地抱怨是一种目的明确的行为，可以带来更大的幸福感。”她说道。

治疗师尼克指出，专注于问题的解决方案能够增强满足感的背后，其实存在着生理基础。“如果你正在寻求解决方案（或者已经找到了一个），你会强化对某种情况的积极化学反应和生物反应，乐观的感受也会得以增强。”他说道。因此，问题的关键在于知道自己的抱怨能够发挥效用，然后找出令其得以解决的最佳方案。

行为及礼仪教练保罗·拉塞尔为公司及个人提供培训课程，他说：“抱怨不过是另外一种沟通方式。当沟通有效进行的时候，你的自信心和自尊心都能得到极大的增强。”他建议道，在任何情况下，保持自信、礼貌以及镇定，都是富有建设性的行为准则。“这样做需要一定的信心作为支撑，但一旦做到了，对你的各个方面都会带来极为积极的影响。”

插画：CLAIRE VAN HEUKELOM

如果说有策略地抱怨是一种有益于身体健康的行动，那么，如何抱怨效果最佳呢？

下面提供了一些技巧和情景，帮助你成为更高效的——当然也是更快乐的——抱怨者。

考虑你所想达到的目的

专注于通过抱怨你想要达到什么目的，执行你的方案，将事情向前推进，而不是反复诉说、不断琢磨整个事件。后者只会让你越发感到愤愤不平，并发现聆听者对此无动于衷，根本没听你在说什么。

从不同的角度看问题

几乎每一种情境都能引发某种抱怨，但也基本存在相反的另一面。举例来讲，如果售货员以翻白眼来回应你的简单要求，那么与其向经理抱怨，不如考虑一下她为什么会这么做。也许她刚好得知了一个坏消息，或者经历了艰难的一天，因此很难保持积极的工作态度。

思考你在情境中扮演的角色

在抱怨之前问自己 3 个问题："我是如何促成这种局面的？""我清楚自己的期望是什么吗？或者说我能把情况阐述得更清楚吗？""听我抱怨的人清楚解决问题所需要的全部信息吗？"

远离习惯性抱怨者

如果你感觉到那些总在抱怨的人妨碍你去感受快乐，那么尽可能地远离他们。令自己从即将开始的消极对话中抽身，直到他们谈起有助于驱散沮丧气氛的积极话题时再加入。

总而言之，奥德丽总结道，无论抱怨什么，都尽量尝试通过以下方式：

陈述事实

人很容易变得情绪化。你只需要陈述发生的事实，最好辅以数据、时间以及名称。当然，如果你的语言感情充沛的话，可能会显得很有说服力，但对你而言，更有效的是此时保持冷静。

明确诉求

在这一点上，你可以直接说明什么样的解决方案是你可以接受的。

提出具体的行动要求

具体的要求可以是："我希望在 3 个工作日之内得到回复。"还可以附带指出某种后果，比如"否则，我就把情况呈递给监察专员处理了"。

同时，需要记住的一点是，确实有那么一些人非常享受发表过时的长篇大论。哲学家朱立安 · 巴吉尼在《抱怨：从微小的抱怨到有原则的抗议》一书中指出，抱怨是一种社会规范，我们当中有些人确实对此非常享受。对此，奥德丽补充道："至少（如果是）互相吐槽抱怨的是别人！"

当事情发展偏离既定轨道

行为及礼仪教练保罗·拉塞尔介绍了一些熟悉的情景。

1 当你发现收到的货物配送错了，需要在线进行投诉，此时应该怎么说？

保罗建议：“提供必要的信息，包括你的客户信息、交易细节、错误概述等，并清楚陈述你的投诉所希望得到的满意结果（例如退款或者换货）。”

2 某位工作人员，比如牙科护士、法律助理或者销售员等，对你态度粗暴时，你要如何在不感到内疚或者使他们丢了工作的前提下投诉呢？

保罗建议：“在行程结束的时候向其他工作人员反映你的意见。你可以明确告知对方此番并没有达到平时的标准，并令对方承担下一步调查的责任。粗鲁对待顾客的员工无疑需要进一步培训。”

3 你点了一份牛排，但是厨师并没有按照你的要求去烹饪。你将这份牛排退了回去，但重新端上来的一份依旧做得不合要求。此时，你该如何要求从账单上划掉牛排呢？

保罗建议：“在业内人士看来，对服务员不断进行抱怨无疑是下下策。在大多数情况下，这都不是服务员的错误，但他们不得不接受来自顾客的所有抱怨，并对此做出回应。作为一线员工，他们应该就如何处理这种情况接受过培训，在绝大多数情况下，当一道菜被退回去一次后，再端上来的时候，他们需要确认菜品是否符合顾客要求。这时候你应该清楚地指出：‘很不幸，还是不对，你能帮我取消吗？’”

4 你出入的旅馆或健身房的卫生状况令人难以接受，此时你要怎么维护自己的权益？

保罗建议：“如果你能以一种礼貌、冷静、清晰的方式恰当地向前台工作人员反映，那么就没必要忍气吞声。作为旅馆客人或者健身房会员，你期望获得一定的服务水准，而其中就包括设施的整洁程度。”

5 当你不在的时候，房东进入了你的房间，对此你该怎么做？

保罗建议：“查看你们签订的合同，确认自己该履行的义务，并在必要时寻求专业建议。联系你的房东，安排具体时间讨论这一问题。尽量避免谴责或情绪激动地陈诉。”

吸猫的乐趣

虽然猫咪因无比独立、高度聪慧以及具有超凡的好奇心而闻名，但它们真的是完美宠物吗？

作者：
卡萝尔·安妮·斯特兰奇
Carol Anne Strange

我在童年时看过一部美国动画片《猫老大》（*Top Cat*），它给我留下了极其深刻的印象，即猫咪天生是自己的主人。它们做的一切都是为了取悦自己，来来去去完全按照自己的兴致（才不管是什么时间），它们充满神秘感，爱冒险、喜怒无常。猫咪会让你知道它们喜欢什么——但更重要的是，它们不喜欢什么。

我一直觉得自己与猫咪有很多相似之处。

在我十几岁的时候，生命中的第一只猫咪出现了。那是一只遭到遗弃的黑色小猫，我将它从那未卜的环境中拯救了出来。“幸运”成了我们家的一员，并且非常喜欢坐在我父亲的肩膀上。它常在祖父那座钟表的基座上睡觉，也正是在那里，我们某天发现了它的孩子。虽然漂泊不定的生活方式意味着我不能再被某只猫咪“拥有”，但猫咪们一直在我生命中占据着重要地位。我的很多朋友都是爱猫人士，邻居家那只暹罗猫经常坐在我家的门阶上，偶尔还会允许我和它一起散步（我是多么荣幸啊）。我每次搬到新住处，都会有猫咪出现在门外，就好像它们一直在监视着我似的。

猫咪有一种独特的名声，即它们期待并维护着某种尊敬。上一刻，它们可能还是一副上帝般娴静、端庄的姿态；下一刻，它们或许就开始发出嗞嗞声，爬上窗帘，因毛球而陷入疯狂。它们能用目光对你进行催眠，让你心甘情愿地款待它们。它们还是分散注意力方面的行家里手，在你的键盘、图书，或者杂志上悠然自得地伸展四肢，博得它们确信自己值得拥有的关注——当然，它们完全能让你不得不去关注。

出生于威尔特郡的艺术家、设计师以及插画师乔安妮·波特非常享受来自她的猫咪——Zigsa（齐格萨）——的陪伴，那是一只10岁的带斑点的孟加拉猫。正是它激发了乔安妮通过艺术创作支持野生动物和动物慈善事业的想法。“齐格萨经常和我一起坐在艺术工作室”乔安妮说道，“它是一只非常有乐感的猫咪，喜欢被关注，甚至很享受德彪西的钢琴曲。”

乔安妮将自己的艺术创作都发布在网站weirdfox.bigcartel.com上。如今，她和伴侣保罗生活在一起，而她的猫咪实在是非常聪明：“我们的世界完全是围着齐格萨转的，它甚至有自己的脸书主页‘ZigsaCat’。它的内心相当狂野，有一部分小型亚洲豹的血统，但它非常友好，和它在一起真的是其乐无穷。”

从表面看来，猫咪们似乎都很自私，总是一副唯我独尊的架势，不停地梳理自己的毛发，博取他人的注意力。同时，它们也是非常慷慨的。猫咪虽然不像狗那么忠诚或驯顺，但在与它们分享时间和空间的人之间，同样会建立起微妙且强有力的纽带。有猫咪的陪伴，令人感到非常舒适、放松、心平气和。它们似乎能够感知到是不是某些事情出了差错，然后蜷缩着，依偎在主人身旁给予他们安慰。在那些充满挑战的日子里，猫咪的陪伴是一份能给人带来巨大安慰的礼物。

来自兰开夏郡的艺术家道恩·迈勒用毛毡创作了很多美丽的野生动物。他养了两只猫咪，分别叫佩塔和潘瑟。道恩表示：“是我的猫咪们找到了我。当我因为跟腱受伤不得不连续几个星期卧床休养的时候，佩塔，一只胆小的黑白小花猫走进了我的生活。我真的相信它是上帝派来帮助我渡过难关的。而潘瑟则是在我母亲去世后那段黑暗的困难时期出现的。我发现它的时候，它可怜极了，就蜷缩在我家的垃圾箱盖子上。它出现的时机恰到好处，使我不得不将注意力转移到照顾它上。作为回报，它帮我重新打起了精神。我相信，狗是你身体层面的保护者，猫咪则绝对是你灵魂层面的守护神。”

猫咪从何而来？

人们很容易相信猫咪来自另一颗星球，实际上，它们已经在地球上生活了漫长的数千年。家养的猫咪，本质上还是充满野性的，并且每一个品种都源于一种非洲野猫——利比亚猫属亚种。

考古发现表明，猫咪自远古时代就和人类生活在一起，足迹遍及整个中东和亚洲地区。在古埃及，猫咪尤其受到人们的崇拜，并以雕塑的形式得到了永生；在古罗马，人们则将猫咪作为自由的象征进行庆祝；在日本，猫咪还被委以保护佛经免遭老鼠啃噬的重任。然而不幸的是，在中世纪的欧洲，猫科动物并不受欢迎，甚至还与女巫、恶魔等形象联系到了一起。直到17世纪，情况才有所改变，猫咪在社会上重新受到了人们的欢迎，主要是因为它们能有效阻止啮齿动物的横行。

来自宇宙的猫咪

我们这些特别的猫科动物朋友身上有一些事情堪称魔力无限。比如，一只猫咪身上有3亿个神经元（几乎是一只狗身上神经元数量的两倍），因此，它们能看到、听到、感受到人类所无知无觉的东西也就不足为奇了。它们甚至能察觉到能量领域的变化。你是否看到过猫咪瞪视着虚空或朝着什么看不见的东西发出嗞嗞声？由于猫咪被认为能够看到物质世界之外的东西，保护人类远离诅咒或者恶灵的伤害，所以，它们总是受到女巫及智者的喜爱。

猫咪也同样被视为幸运的象征。在英国，如果一只黑猫在你面前的小路走过，那将是非常吉利的征兆。将其中迷信的成分暂且搁置一边，科学研究已经证实猫科动物能够敏锐地感知人类的情绪，而且猫咪发出的那种表示舒适的咕噜咕噜声能够引起人的强烈共鸣，让人感到安慰又治愈。

来自埃塞克斯郡的罗伊·J. 哈勒似乎无时无刻不与猫咪为伴。这位Tech House（技术屋）的唱片节目主持人以及音乐制作人说道：“对我而言，猫咪是幸福生活的真正伴侣。它们珍视拥抱，它们用爱回报你，远远超出你的预期，尤其是当你正穿行在人生中最艰难的日子里时。当我的猫咪在我身边走完生命的最后一段旅程的时候，对我来说真的是相当巨大的情感冲击。只有到那时，我才真正意识到自己和猫咪之间的友谊，以及对它们的深爱。我非常推荐大家养一只猫咪作为宠物，尽管我已经发现想要得到它们的青睐，你必须把它们喂得特别好才行。”

你是爱猫人士吗？

一直以来，狗都被视为人类最好的朋友，而猫咪则是它们自己最好的朋友，但爱猫人士却因此更爱猫咪了。如果你喜爱猫咪，并且发现自己已经为一只（或者好几只）猫咪所拥有，那么你可能会和你的猫科朋友们有某些共同点。

人们对那些喜爱猫咪的人通常存在着一些不公平的偏见，比如认为他们为人比较神经质。社会上有大量讲述“疯狂猫女”的故事，但爱猫人士对这个标签似乎有很高的接受度，倾向于他们和猫咪共享的世界确实有那么点古怪和奇妙。

不时有人表示，爱猫人士和猫咪之间存在一定的共性：聪明、思想开放、直觉敏锐、敏感、好奇心重、创造性强、不随波逐流且相当独立等。另外，二者在渴望自由和冒险的同时又格外享受宅在家里的舒适；他们情感充沛，但难免有点喜怒无常；他们的个人空间以及享受生活的优雅姿态都令他们在人群中显得卓尔不群。总而言之，作为一只猫咪或者一个爱猫人士简直太酷了！

插画：LYLEAN LEE

目光接触，没那么可怕

作者：
朱迪思 · 赫里尔
Judith Hurrell

生而为人，彼此通过眼神进行交流是最基本的。这种眼神交流平时进行得如此频繁，以至于有一些科学家相信，人类眼睛的进化不仅是为了看，也是为了被看到。我们是唯一一种眼白——或者说巩膜——高度发展的灵长类动物，在突出了有色虹膜的同时，也令人类目光注视的方向更容易被判断。

这一进化上的小怪癖促使我们的祖先建立起亲密关系和分工合作。可视的眼球活动令部落成员得以解读对方的情绪、预测对方的意图，彼此以一种微妙的方式互相影响着。这一切无疑给人类带来了进化上的优势。

如今，视觉上的联系成了婴儿成长道路上的第一座里程碑。新生儿的注视范围大概只有 30 厘米，大致相当于他们被父母轻轻抱起后双方脸颊之间的

太多的目光接触会令人感到恐惧和受到威吓，但太少又难免令人起疑——目光接触何以变成了雷区？

距离。这一亲密距离鼓励婴儿和父母之间多进行目光接触，开始最初的交流，从而促使婴儿成长为一种社会性的存在。剑桥大学婴儿—人际神经交流实验室（Baby-LINC Lab）的研究员们发现，眼神交流能够令婴儿和父母同步脑电波。

“当婴儿和父母互相注视对方的时候，一种包含着交流的意图和交流可行性的信号就开始在他们之间传递。”上述研究的第一作者维多利亚·梁解释道，“无论是成人的大脑，还是婴儿的大脑，都会对目光注视的信号有所反应，从而变得与他们的伙伴相一致。这一机制可以令父母和婴儿为交流做好准备……同时，也让学习变得更有效率。”该研究还指出，在所有事物之中，婴儿最喜欢人类面孔。既然如此，为什么成年人——除了在朋友间翻个白眼或者扬扬眉毛之外——被凝视时会感到尴尬，甚至会被搅得心烦意乱呢？过多的目光接触让人感到紧张，并产生压迫感，但目光接触过少又会给人留下狡诈和轻视的印象。研究表明，越害羞的人，越容易因为目光接触而感到不适。

让我们来看看目光接触为什么值得细究吧！

插画：CÉLESTE WALLAERT

开启有效视觉接触所带来的好处

鼓励不同的行为

来自马萨诸塞州塔夫茨大学的研究员们故意将钱留在公共电话亭里，想要让路人发现。当有陌生人过来声称钱是自己遗失的时候，如果两人之间建立起目光接触的话，拾到的路人有更高的可能性将钱款交还。基于这一现象，研究团队得出结论：目光接触令人变得更诚实。他们的结论与目视理论相一致，该理论声称目光接触促使人们思考别人如何看待自己，从而引发更多的社会性行为。

令人更加难忘

目光接触能使人更引人注意，也更令人难忘。简单地侧头或者手部动作，辅以视觉纽带的建立，能够在参与度的层面上带来深刻影响。目光接触这一特性通常被教师用作课堂管理技巧，用来促进师生之间的交流，并令师生之间的互动更具个性化。

创造并深化吸引力

捕捉到来自陌生人的目光所带来的紧张、兴奋可能会引发一段罗曼史。克莱尔·康韦和阿伯丁大学以及斯特灵大学的同行们发现，伴随着微笑的目光接触能够令个人魅力提升 8 倍。研究表明，对同一张面孔而言，相比于目光看向一旁，目光直视更具魅力且更令人喜爱。

将人们团结起来

目光接触在情侣之间有着特殊的意义，同样也能在较大的群体中建立起一种共同的纽带。主持创造性仪式的司仪神父安吉·利特维表示：“目光接触是在人群中编织魔法的线。它将我们联系到一起，所以我才使能所有人融入。”

人称“目光女士”的纽约街头艺人兼博主纳塔利娅·帕鲁兹同样认为视觉上的接触至关重要：“在纽约地铁站的表演经历教会我，在街头卖艺时与人进行目光接触可以将人群凝聚过来，让他们更好地回应我的表演。我会认真注视每一位经过的人的眼睛。”

产生移情

《移情效应》一书的作者、哈佛医学院精神病学临床副教授海伦·里斯博士认为，目光接触是产生移情的关键所在：“这是我们和他人展开交流的第一步，意味着我们已经将对方放在眼里。被人看到，对于移情的产生至关重要，因为它使他人变得人性化。目光接触可以从多方面促进亲社会行为，包括信任、慷慨以及同理心。”

促进可靠性

加利福尼亚大学的心理学家保罗·埃克曼相信，真诚的微笑和虚伪的微笑的区别在于眼周的微表情。那些微表情仅仅持续 1/20 秒左右，却会被观察者下意识地捕捉到。“在我们发自内心地微笑时，眉毛和上眼睑之间的皮肤会有轻微的下移，但伪饰的笑容却不会引发同样的移动。”保罗解释说，“每个人都会用嘴唇微笑，但只有极少数人能够同时牵动眼周的肌肉。”

如何更好地适应来自他人的凝视

在传统观念中，目光接触被视为一件有益的事情，但对某些人而言，目光接触却总令人感到不那么自在。《英国皇家学会开放科学》的一项最新研究表明，目光接触超过 3.3 秒就会令人觉得尴尬。

- 从他人身上获得线索

在世界上的某些地区，过长时间的目光接触是一种很失礼的行为。

- 选择你自己的时机

在友好的情况下，进行目光接触能够培养信任，但在一些对立的情况下，目光接触却会给人留下盛气凌人的印象。

- 目光不要低垂

你可以通过看向他处使你在结束目光接触的同时不失去你的交谈者——因为那暗示着你正在思考。与此相反，目光低垂则表示你已经结束了谈话。

- 留出思考的时间

目光接触令你难以深度思考。保持目光接触所占用的脑力资源与完成复杂任务所需要的脑力资源程度相当，这也就解释了为什么人们试图回想起什么的时候总会转移视线。

- 熟能生巧

有些人天生就是目光接触方面的专家，而一些人则需要慢慢磨砺技巧。对于紧张者而言，定时在镜子前盯着自己做凝视练习是一个非常好的开始。

- 转换你的焦点

通过让目光游移于对方的眼周来使你的注视变柔和。个人发展专家史蒂文 · 艾奇逊推荐了“三角法”：“首先注视某人的一只眼睛 5 秒左右，然后将目光转向他的另外一只眼睛，同样维持 5 秒左右，最后将目光在对方的嘴唇上停留 5 秒。按照以上顺序和节奏不断循环。”

尽在你的掌心

化妆品、食物、生物燃料——生活中的一切事物都离不开棕榈油。当这种高产农作物的种植开始失控后，导致了热带雨林和野生动物栖息地的破坏，以及当地经济发展的扭曲。本书从生态环保人士那里得到了试图扭转这一趋势的第一手资料。

作者：
洛拉·门德斯
Lola Méndez

一名旅行作家，专注于社区体验和可持续旅游。

当我们的飞机在马来西亚吉隆坡国际机场的跑道上缓缓降落的时候，我急切地望向了窗外。目之所及，浓密的绿色丛林覆盖了一切。尽管如此，仍看得出来那是一片葱茏的工业景观。这片苍翠繁茂的壮观景象属于一片广阔的棕榈种植园。

实际上，如果你乘坐公共汽车去游览马来西亚半岛，几乎很难想象那为无数完美修剪的棕榈所占据的起伏群山一度是各种动植物群落的家园。植被间隙露出来的一小块土地被烧得一干二净，残留着焦黑遗迹的热带雨林被夷为平地，为种植新的棕榈腾出空间，部分区域中新种植的棕榈星罗棋布。

为什么是棕榈油？

马来西亚和印度尼西亚的棕榈油产量占世界棕榈油总产量的90%。棕榈油是用非洲油棕成熟后的果实加工制成的。这是一种高产的农作物，棕榈每公顷的产油量比向日葵、椰子、油菜籽或大豆等其他农作物都高。但是，高产也是有代价的，而且是非常高昂的代价。为了建立棕榈种植园，当地的森林遭到砍伐，而当地的野生动物，包括猩猩、老虎和大象等，或遭杀戮，或被捕获，或受驱逐。另外，其他相对低产量的农作物，则可以在不属于这些濒危物种的区域内种植。

棕榈油的高产和低价令它成为对制造商而言最具吸引力的选择，并广泛应用于各种产品中。在人造黄油、巧克力、冰激凌、爆米花等食品中，肥皂、牙膏、洗发水、唇膏等日用品中，都能发现它的身影。甚至在婴儿食品、宠物食品以及生物燃料中，也少不了它。或许你并不常在食品配料表中看到棕榈油成分，实际上，它经常由一些通用术语所代指，例如植物油或植物脂肪。由于棕榈油的用途极其广泛，根据美国市场调研和咨询公司大观研究（Grand View Research）的一份报告显示，此相关行业的产值截至 2022 年预计将超过 7 510 亿英镑。

消失的家园

人类对棕榈油的巨大需求导致了对森林进行滥砍滥伐的失控局面。据世界自然基金会估计，为了建立新的棕榈种植园，平均每小时有面积将近 300 个足球场大小的森林遭到砍伐。2018 年，世界自然基金会的报告《地球生命力》特别指出，自 1970 年以来，地球上的野生动物数量已经锐减了 60%，而侏儒象、苏门答腊犀牛、马来熊、红毛猩猩、老虎以及长鼻猴等土生土长于马来西亚和印度尼西亚的极度濒危物种，它们的栖息地都已经遭到大肆破坏。该报告还补充道，在 1985 年到 2010 年，苏门答腊岛已经失去了 1 250 万公顷的天然森林。如果没有巨大的变化发生，苏门答腊岛的热带雨林将在未来 20 年内消失殆尽。

丹妮尔·坎·达·席尔瓦是印尼岛上苏门答腊野生动物保护区的联合创始人，她见证了棕榈油工业给环境和生物带来的负面影响。“棕榈油生产与土地之间缺少一种可再生的关系。”她说道，“苏门答腊岛是一个很小的岛屿，因火山喷发、地震、海啸等，很容易受到自然灾害的影响。用于生产棕榈油的土地越多，岛屿的自然抵御系统的完整性就越弱。”

然而，在苏门答腊岛上，棕榈油生产同样是人们就业的主要来源，正是这种工业使得马来西亚和印度尼西亚的贫困人口大大减少。正因如此，丹妮尔并不建议就此禁止棕榈油的生产，但她确实担心棕榈油生产对当地经济以及社会其他方面所构成的影响。“住在村庄中的人们依赖土地而生存，他们能切实感受到棕榈油工业所带来的影响。”她解释说，“他们的水资源变得越发稀缺，他们赖以为生的土地的完整性也在不断受到破坏。人们已经开始注意到棕榈种植的所有负面影响，并意识到如果这种破坏不能（被）叫停，那么至少应该显著地放缓。”

这就要求停止这种不可持续的棕榈油生产活动，并在保护区内为人们提供其他就业机会。以苏门答腊野生动物保护区为例，苏门答腊岛上有50英亩（约202 343平方米）的土地因此得到了保护，为苏门答腊的猩猩、老虎、大象和犀牛等极度濒危物种提供了庇护所。“如果我们没有买下古农列尤择（国家公园）生态系统周边的土地，那里也会变成棕榈种植园。”丹妮尔揭示道，“那里差点成为更多非法棕榈油生产的完美扩张之路。”

图片：SHUTTERSTOCK.COM/DANIELLE KHAN DA SILVA

道德的途径

Greenpeace（绿色和平）是为呼吁棕榈油产业进行自身改革而进行活动的组织之一，他们要求棕榈油生产者和供应商做出永久性改变，要么立即去做，要么永远不做。可持续棕榈油或许是解决方案之一。2011 年，可持续棕榈油圆桌会议（RSPO）制定了经认证的可持续棕榈油（CSPO）标志。如今，可持续棕榈油认证了世界上 19% 的棕榈油。为了获得可持续棕榈油认证，棕榈种植园必须符合由可持续棕榈油圆桌会议制定的严格的环境及社会操作标准。在初生林和原始森林、生物多样性中包含稀有或濒危物种的区域，以及生态系统脆弱的地区内，禁止建立棕榈种植园。同时，放火毁林的手段也受到限制。

这些管理措施所产生的效果，如今尚有待评估。2018 年 6 月，据科学期刊《环境研究快报》报道，在 2009 年至 2014 年，可持续棕榈油圆桌会议认证的棕榈种植园和非认证的棕榈种植园中，猩猩的减少数量并没有区别。直到 2018 年年底，经认证的可持续棕榈种植园都可以批准砍伐次生林和泥炭沼泽森林。不过，到了 2018 年的第 4 季度，可持续棕榈油圆桌会议宣布全面禁止砍伐森林，要求已经存在的棕榈种植园在一年的过渡期内实施新的标准，其中就包括不再耕作泥炭养分含量丰富的土地或开发本土社区。

这或许就需要有比当下力度更强的监督措施。伦敦动物学会的一项研究，对世界上 70 家最大的棕榈油生产者进行的评估表明，许多承诺零森林砍伐的棕榈油生产者都未能实际执行。丹妮尔指出，她在苏门答腊岛曾看到被认证过的可持续棕榈种植园在国家公园的雨林地带进行非法扩张。

消费者的行动

消费者可以通过选择拥有 3 种著名的零棕榈油标识的产品，来减少对棕榈油的消耗。这 3 种标识分别是：the Orangutan Alliance No Palm Oil certification（“红毛猩猩”无添加棕榈油认证），Palm Oil Free trademark（“无添加棕榈油”商标），the Palm Oil Investigations’ POI Approved sticker（“棕榈油调查 POI 批准”贴纸）。消费者们同样可以劝说棕榈油生产者找到可以减少工业造成的负面影响的解决方案，并要求其出示零毁林生产的证明，强调保护人类和动物的权益，并迫使生产者采用透明的供应链和清晰的产品标签。

总而言之，我们坚决认为棕榈油的生产者既要制订也要执行保护自然动物栖息地的生产计划，促进生态系统健康发展，为当地社会创造积极的经济发展机会。或许唯有这样，才能为这颗星球长远的未来以及生物多样性保留一线希望。

棕榈油：发现隐藏的成分

按照如下提示可以找出棕榈油的藏身之处，并找到改变现状的方法。

- 存在着超过 200 种术语可以指代棕榈油，包括植物油、植物脂肪、掌状复叶、甘油基、硬脂酸、油棕、棕榈仁油酸钠等。
- 避免食用加工类食物，因为很多包装商品中都含有棕榈油。
- 购买由当地原料制作的零食和美容产品。
- 烹饪时采用植物油脂，例如葵花籽油、菜籽油、椰子油、大豆油或橄榄油等，它们都是由可靠的当地农民小批量种植的。
- 支持带有“可持续棕榈油”认证标识的食品杂货店。
- 鼓励生产者在棕榈油使用上透明化，游说政府采用更精确的成分标签。

幸福不是一种绝对的价值，它是一种比较的状态。

_ 扎迪 · 史密斯

正念
MINDFULNESS

mindfulness

如善待他人般善待自己

作者：
卡萝尔·安妮·斯特兰奇
Carol Anne Strange

怀有一颗善良的心对你大有好处，但倘若你在关心他人时却没有给自己以足够的关注，那么事情会发展成什么样子？又或者在相反的情况下会发展成什么样子？健康且平衡的善良模式能够显著改善你的生活，以及你所处的世界。

善良可以用多种方式来描述。于我而言，它指的是以一种希望得到同等回报的方式来对待他者——包括动物、大自然、这颗星球以及我们自己。善良是一种关怀，是一种有重大影响的善意行动。出自真心的善良能够向别人传递快乐，能够为生活中的种种挑战与困境提供简单却有力的解药。正如剧作家威廉·莎士比亚写过的："小小的蜡烛将它的光芒照耀得多么辽远！一件善事在这罪恶的世界上也具有同等的光辉。"这就是善良的魔力——它真的能给人们的生活带来更多光明。

大多数人认为自己足够友善、富有同情心、有一副好心肠，幸运的是，他们的想法通常都是正确的。善良的举止能给你带来舒适感，让你觉得自己沐浴在一片温暖的喜悦之情中。善良能够令你振作精神，过上更有意义、更无私的生活，而这种生活正根植于为他人提供支持的倾向之中。但是，想要善良发挥积极作用，就要保证你所表现出的善意是全然真诚的，不掺杂任何期待回报或有利可图的私心。同时，在表达善意之时仍需注意保持平衡。

尼古拉斯·海恩斯是 Five 研究所的慈善大使，是生命力测试的创造者，同时也是一位作家、国际演说家、分析师以及"NoMoreBoxes"（不再束缚）运动中的重要人物。尼古拉斯表示："在我作为慈善大使的生涯中，还没有遇见过真正过于善良的人。我遇到过说自己太善良的人，但如果你对其进行深入了解，就会发现他们并没有自己说的那么善良。或者更确切地说，他们的善良‘失衡’了。在 Five 研究所，我们会讨论如何发展出‘健康’的善良，那更像是建立起一种健康的心态，而不只是善良。

“所谓‘健康’的善良应该是对待自己和对待他人、对待我们的这颗星球同样友好，并且最理想的情况是能够同时做到，但这也是最难达到的一种状态。因此，当我们与团体或者个人展开合作，访问那些被描述为‘对自己实在是太好了’的人时，我们通常会发现，和对待他人以及对待地球相比，他们实际上对自己并不怎么好。这就是在善良的分配上出现了失衡——而非过分善良。”

为了帮助人们建立起健康的善良观或一种友好的文化氛围，尼古拉斯采取的第一步就是帮助人们增强在分配善良方面的自觉意识，并辨认出善良究竟在哪些地方会经常失衡。例如，可能是一位环保活动者在为地球服务的同时忽略了自己也需要获得足够的滋养；也可能是有些人为了照顾他人而忽视了自己。更为罕见的情况是，有些人过度以自我为中心，因此对周遭世界的痛苦视而不见。尼古拉斯强调道，这些情景的出现并非因为他们缺乏善良，而仅仅是因为他们在善良的分配上出了问题。这种情况可能是暂时的，也可能会一直持续下去。

为了建立健康的善良观，尼古拉斯建议人们首先养成自问以下 3 个简单问题的习惯。

- 这对我好吗?
- 这对他人好吗?
- 这对我们的星球好吗?

此后，你要等待并且感受自己对每一个问题所做出的回应，看看它们向你揭示了什么。

在尼古拉斯看来，想要建立起平衡的善良，关键在于充分考虑你对每一个人、每一件事的珍视程度。他表示：“一般而言，对那些自己最不在意的领域，我们投入的善意最少。因此，如果你曾忽略了‘这对我好吗’的问题，现在就看看相对其他人或者地球而言，你对自己有几分珍视。又或者，如果你基本上从来没想过或者注意过‘这对我们的星球好吗’的话，那是时候审视一下你有多珍视洁净的空气和健康的环境了。

“一旦发现自身存在失衡的善良，最后要做的就是提高自己对那些易受忽视领域的珍视程度。想要实现这一目的，你可以尝试建立自我价值感，学会欣赏我们生存的星球有多么美妙，并且意识到它有多么脆弱。”尼古拉斯说道，“又或者，你的问题是无法对周围的事物表达善意，那么就试着去发现他们的价值，以及他们的存在给你带来了什么。”

一个非常有趣的现象是，人们常常会忽略“这对我好吗”这个问题。这就能说明问题，因为这表明人们在自我友善方面出现了失衡。

海伦·雷贝洛是《神奇的展现：平静、潜力和目标的 8 个神奇过程》一书的作者，同时也是直觉导师、自我发展教练，以及伦敦颅骶治疗学院（Cranio-Sacral Therapy）的前任导师。她认为关心并尊重自我，接受自己本来的样子，才是真正善良的开始。“由自我责任来调节的自我友善以及同情心非常重要。”她说道，“与其让来自内心的声音指责你又犯了什么错误或者不够完美，不如去相信人生不会有白走的弯路，一切只会让你学到宝贵的经验。善待自己，能够让你的生活更和谐、更完整。”

实际上，当你可以善待自己的时候，往往意味着你已经有足够的能力去善待他人及周围的世界。正如尼古拉斯所言，平衡的善良会令你自然而然地（也就是说并非被迫）以一种更为友善的视角去看待生活。

生活提升行动

海伦建议道，如果你想对自己更友善，首先要开始关注你所相信的、所感受到的，以及你都告诉了自己一些什么。当你意识到自己的想法不那么友善的时候，切记多爱自己一点，提醒自己拥有多么独一无二、前所未有的灵魂。一旦你开始探索这种对自己更友善的生活方式，就会惊讶于自己竟那么快就习惯了，并且感受到生活也变得丰富多彩起来。

诗人及艺术家纪伯伦曾说过：“即使最微不足道的善行，也远胜最浓墨重彩的意图。”保持善良是一种召唤，令你采取行动表达自己的关切之情。在理想情况下，你应该对他人、对地球，以及对你自己表达出同等程度的善意。

表达善意的举动

对他人：

- 送给他人一本自己读完的好书。
- 给他人写一张积极又振奋人心的小字条。
- 以微笑欢迎他人，并聆听他们想要说的话。
- 让座、帮忙开门，或者容忍别人插队。
- 请朋友吃午餐，或者送他们一束花、一张电影票，乃至一个惊喜。
- 准备一份精挑细选的礼物，待他人去发现。
- 做他人的聆听者。

对自己：

- 喝杯好茶，放松一下。
- 只以充满善意的目光和格外积极的想法去看待自己。
- 用香水、新衣服、周末度假来款待自己。
- 选择一顿健康的午餐，进行水疗，并在公园里元气满满地散步。
- 对令你感到高兴的事情说“好”，对你觉得应该拒绝的事情果断说“不”。
- 投资自己的健康，并且意识到当你处于最佳状态时，你在这个世界上所能做到的远比自己想象中要多。

对地球以及地球上的一切：

- 进行垃圾回收，保持周围环境的整洁。
- 种一棵树，或者参与打造一座安静的花园。
- 支持存在于自己内心深处的一项好事业。
- 发起慈善活动，为社区项目筹款。
- 专注于积极的生活方式，减少对地球造成的负担。
- 愿意奉献你的时间、天赋以及专业技能。

善良日程表

通过有意或无意的真诚善举，将善良变成日常的一种习惯。从种种善举中获得启发（见第66页），并自问：“这对我好吗？这对他人好吗？这对我们的星球好吗？”写下一周中你每日所做的善举。

星期一

星期二

星期三

星期四

星期五

星期六

星期日

插画：CLAIRE VAN HEUKELOM

享受独处

渴望独处生活的人常会遭受来自他人的误解，在有些人看来，那种生活甚至是令人畏惧的。但确实有那么一类人，在与自己为伴的过程中，获得了真正的满足感。

作者：
凯莉·洛夫里奇
Kayley Loveridge

有那么一类人，当他们独处时，感到最快乐。他们充分享受着午后的宁静时光，惬意地躺在沙发上，任自己沉浸在书中。他们独自漫步于春日的树林中，聆听枝叶间微风低吟，然后在人流如织的餐厅里独享美食带来的乐趣。

在大多数情况下，人们对于这类人的第一反应可能是，他们十分内向或者害羞。但有研究表明，情况并非如此。纽约州立大学布法罗分校的心理学家在2017年进行了一项研究，他们发表于期刊《个性与个体差异》上的研究结果表明，内向者并非全都享受独处，有些外向者也会倾向于选择独处。研究人员认为，对于在生活中有独处需求的人，可以分为三大类：一类是出于与羞怯性格相关的恐惧或焦虑而选择独处的人，一类是出于对社交的厌恶而选择独处的人，最后一类是单纯出于他们并不觉得独处有什么可怕的人。

对于上述第三类人而言，独处令他们体验到了更积极的想法、感受，并且拥有了更强的创造力。但是，在西方社会中，独处却常常被视为孤独者的专利，被人们认为是一种最好尽量避免的状态。那些努力为自己创造独处机会的人，不时要承受来自同龄人同情的目光，他们无论如何也理解不了为什么会有人不愿意参加社交聚会；又或者被那些视团队合作和大量交谈为正常生活的同事视为怪人。希望上述研究结果能在一定程度上纠正人们这些错误的认知。但是，为什么独处对于有些人而言是那么美妙、治愈并且必要呢？倘若你正是其中一员，你要如何充分利用这些宝贵的独处时光呢？

寂寞与孤独

寂寞与孤独常常被混为一谈，但这种做法实在是错得离谱。寂寞与忧郁相伴而生，甚至会对人造成伤害，孤独却与此刚好相反。只不过对于这一不同，身边的家人和朋友往往难以理解。对于那些喜欢独处的人而言，待在自己的空间中会感到无比愉悦。活跃于伦敦的瑜伽及冥想教练、人生导师阿丽雅德妮·卡普萨利热情地与我们分享道：“不受任何打扰的独处让我们有机会感受到需求得以释放后的平静。高质量的独处时光能够让身体回归平静状态，消除身体在压力状态下的应激反应，帮助人们恢复自己的直觉和创造力。”

独处的好处不可估量，包括直面内心的机会，与个人想法、情感以及价值的重新沟通等。独处同样与增强幸福感、释放压力紧密相关，并有益于我们经营一段更强大、更健康的关系。“我发现独处能让人更自信，让人们有能力去更好地照顾自己，并有信心应对生活抛来的任何难题。”阿丽雅德妮表示，“独处，意味着一种建立起健康边界的可能性，从而能使我们保护好自身珍贵的资源，比如时间或者能量。独处让我们有足够的空间去探索什么是自己的真爱、什么能给我们带来快乐，又是什么启发并激励着我们。”

去探索那些如何充分利用这些宝贵的独处时光吧！

插画：EVE WÜNSCH

增加你的独处时光

你会喜欢有不速之客出现在自己家，并且闯入你私人的、独处的空间吗？或许你此时正因为难以避开他们或者开不了口让他们离开而处于发怒的边缘？上述情景要比你想象中发生得更为频繁，尤其是当你试图避免此类情景发生而选择独居的时候。招待客人虽然是一件赏心乐事，但这件事也会耗竭我们重要的能量资源，令独处时光变得更加珍贵。如果你感到自己的独处时间受到了压缩，这里有一些能够为你提供支持的充满创造性的措施。或许，你可以试着以此重拾精力充沛、创意无限的开放状态。

- 晨间日记

写晨间日记一直被誉为艺术性成长的灵丹妙药。如今，心理学家越来越意识到以书写的方式将想法记录下来带给身心的好处。2005年，发表在期刊《精神病学治疗进展》上的一项研究表明，每次花 15~20 分钟写下有关情感的、创伤性的或者压力性的事件，每周写 3~5 次，就能显著提高被试者的心理以及身体的健康状况。表达式的书写所能带来的主要且长期的好处还包括降低血压、提高肺活量，甚至还能加强人体免疫系统的功能。作为尝试，你可以在床头放好笔和笔记本，一旦醒来便花上 15 分钟专注于书写。你想到任何事情都可以写下来，包括恐惧、心愿或者目标，以及雄心壮志等。书写的时候，你可以完全不必受语法、结构以及表达是否清晰的限制。这是在探索你内心喧嚣时的一片私密空间。以这种方式释放超身体负荷的思绪，会让你感到酣畅淋漓，并且为新一天的开始准备好一个清醒的头脑，令你更轻松、更敏锐、更积极。

- 正念饮食

在西方，这是一个相对较新的概念，唤醒了人们对供养身体的食物的充分认识。这项有助于改善情绪的工作是一种能够帮助你享受独处时光的、既简单又健康的方式。当你准备烹饪食材的时候，请充分觉知自己的感受。食物在你手中时，你感觉怎么样，你能闻出食材有什么区别吗？留心观察在用慢炖、煎炸和烹煮等不同方式处理时，食物所发出的声音。你的舌尖能够辨别出什么滋味？当你结束进餐时，身体的反馈如何？除了鼓励你感受当下的每一刻，还有研究表明，精心烹饪和享受用餐过程可以有效帮助被试者保持健康的体重，同时使你与食物之间建立起良性关系。

- 不畏独处

独处时光同样为我们创造了开发新鲜的、充满创造性的兴趣爱好的空间，比如园艺、陶艺或者演奏一门乐器。已有不计其数的研究证明，类似于演奏乐器等爱好能够有效促进人体内有益激素的分泌（包括催产素和多巴胺），全面增强幸福感，提升记忆力，促进血液循环——因而大脑可以得到关键营养，以及充足氧气的补给。从开发充满挑战性以及兴奋性的爱好中获得乐趣，并充分探索自身的创造力，这些可以使独处的时光变得更宜人、更高效，并且更有意义。

打造安静的环境

想要建立互敬互助且长期的关系，学会与他人划清个人界限至关重要。但在拒绝邀请时，我们害怕冒犯别人，会令人感到不适。在处理这种情况的时候，最有效的方法往往就是保持真诚、满怀感激，并且充满温情。

当你想要拒绝诸如生日派对、朋友聚餐或者下班后同事们的小聚时，可以尝试使用下述表达方式："这个活动听起来太棒了，非常感谢你邀请我，但真的很遗憾，这次我恐怕不能前往。""非常感谢你想着我，但我这周简直要忙死了，晚上实在想好好休息一下。"

如果你不得不出席某一派对，那么就尽量在特定的时间提前离开。为了强调这一点，你可以在派对开始之前将你打算提前离开的想法告知派对主人、你的朋友或者家人。如此这般，将有助于你设定期望值，一旦意识到自己不必待到最后，就可以毫无心理负担地提早离开，这样你会感到更放松，更能享受那段时光。

如果某个庆典需要狂欢到深夜，也并不意味着你就要采纳朋友或者家人的建议在他们的家中过夜。你可以再次向他们的慷慨表示感谢，但要设定自己的期望值，然后到附近的民宿或者旅馆办理入住。保持真诚的态度仍是上策，你甚至可以尝试加入一点幽默感："你实在是太好了，但我每天早上都会有一段时间陷入失语状态，所以我待在自己的空间里对每个人都有好处。""你真是太慷慨了，但我明天还有好多事要做，可能一大清早就要起床出门。"

如果可能的话，尽量不要逃避或者无视别人的邀请。无论你最终决定是否出席，都予以别人真诚的答复，向邀请人表明你们之间的关系对你而言至关重要。

对那些在独处时感到最为快乐的人而言，孤独有助于建立他们所拥有的最好的人际关系——和自己之间的关系。在关键时刻能够毫无负担地说"不"，对你的信心以及好心情有着极为深远的积极影响。由此，你得以在自己的空间中完全享受自己的陪伴，完全按照自己的方式进行，而不必对他人感到抱歉。

冥想的乐趣

冥想是一种有效手段，能够让你愉快、平静地与自己相处。“我最喜欢的冥想方式之一就是去想象。”瑜伽教练阿丽雅德妮说道。下面将介绍两种由她提供的冥想方法：

- 开始时，选择一种对你而言象征着平静、舒适以及快乐的颜色。花上一点时间，你要去尽可能完美地想象这种颜色。

  吸气，想象这种颜色正通过胸腔的正中央进入你的体内；呼气，放松身体。

  继续保持缓慢而轻柔的呼吸，想象这种颜色正逐渐抵达你身体的每一部分，并将平静且舒适的感受带到身体的每个角落。

- 另一种方法是在保持呼吸节奏的同时，计算每次呼吸时吸气和呼气的时长。

  让呼吸保持自然的节奏，仅仅在头脑中默数。

  你的思绪可能会被各种想法或者其他触发物干扰，比如一些声音或者身体上的感觉，所以当你再次专注于自身时，重新开始计数。

mindfulness

化碰壁为重新定位

作者：
乔·墨菲
Jo Murphy

如果碰壁是生活试图引导你做出更好定位的一种方式，那会怎么样？下面我们来谈谈如何将生命中出现的每一个“不”为己所用。

西方文化倾向于一种线性的进步模式。那些伴随着时光飞逝而沉淀积累下的赞美与成就，正是你在攀登高峰、向目标前进的积极信号，但在真实的生活中却呈现出截然相反的局面，就像穿越一条漫长而蜿蜒的道路，不断出现的障碍和阻挠让人举步维艰。有时候，类似“事情自有其发生的道理”的话会显得过于苍白，完全没有说服力。正是在找寻个中道理的过程中，你才能够体会到每一次碰壁都是一次重新定位自己的机会。

是障碍，亦是转机

励志演说家们认为，碰壁是一种人正在追求更高目标或者已经踏出舒适区的表现。如果你目标明确的话，这无疑是一种极好的迹象。倘若你正在追逐的对象，只是你以为自己应该去追逐的，那么其幸福感可能就要大打折扣了。在社交媒体的大力宣传下，攀比的风气如今在整个文化氛围中泛滥，很可能会误导你相信每个人都应该去做同样的事情、从事同样的工作，并且所有人都应该看起来一模一样——假如你特立独行，就会被人群无视。这就是碰壁带来的社会性疼痛可能和生理性疼痛一样尖锐难忍的根源所在。

灵活性

仅凭外在就对某事或某人发起热烈的追求，这很容易引起固执情绪，唤醒自我的阴暗面，从而无法从不同的角度考虑问题，在某些情况下还可能限制你的能力，使你无法接受条条大路通罗马的现实。过分执着于取得某一结果，或者过于固执地认为事物应该如你所愿地发展，往往会加剧这种社会性疼痛，令你痛苦难耐。

此时，向后退一步，重新评估自己做事的动机和目标，也许对你会大有裨益。这种做法能修正你的路线，为你开启拥有无限选择的大门——很可能大部分选择之前都被你忽略了。就此，你和你的合伙人或者朋友们展开一番交流，也许会寻找到一些重要问题的答案，比如“我为什么一定要这么做”“我期待的结果是什么”，以及“我想从中得到什么”，深入思索种种答案对你而言意味着什么。比如，你可能希望财务稳定，更好地养家糊口，这种想法非常务实。当你忠于自我的时候，你可能会培养出一种积极的、乐于接受的心态，使自己更好地将碰壁转为机遇。它将赋予你能力，去消除最初可能造成各种障碍的观念和行为。

想赢，想要超越他人或者证明某个观点的愿望，无非出自自己对获得外界满足和认可的需要。这也意味着一种更为固化的心态，以及对重新定位的无能为力。仅仅知道自己想要什么是不够的，明确自己为什么想要得到它，你才能在面对瞬息万变的环境时拥有更高的灵活性，从而无视碰壁的潜在可能性，去追求自己的目标。

你是否让自己碰了钉子？

拒绝的对立面就是接受，正是碰壁的经历让你有机会探索这些是如何将自己拒之于门外的。有些看起来无伤大雅的细节，比如一句来自父母或者同龄人的评价，都有可能变成一记向你发射而来的剧毒飞镖。至于在公开场合碰壁甚至遭受拒绝的记忆，往往会伴随你很多年。正是这些记忆塑造了你讲给自己的有关碰壁的故事。你对它们的接纳程度越高，就越有可能使其异化为一种严重偏离事实、对你的观念和行为产生影响的存在。尝试花些时间去审视自我，找出那些令你害怕碰壁的源头。你可以尝试通过不同的方式去审视自我——无意识地书写、正念散步、和信任的朋友诚实地交谈，甚至求助于人生导师，这都是可供选择的不错方式。探索能与你的深层愿望、疑虑以及恐惧重新建立联系的方法，勇敢地对任何令你感到不值得接受的部分提出质疑。

类似于“我一点都不够好”或者“我从来没得到过想要的”等想法所带来的负担，你完全可以卸下或对此做出反驳。当你不断寻找证据去支持自己想要反驳的念头时，也许会发现，一直以来都是偏见在阻碍自己，也许你已经被情感上不合适的人或者与你的技能相当不匹配的工作环境吸引。在提出要求时，也要尽量关注自己的想法，你希望在回答问题之前听到“不”吗？

插画：VARVARA FORMINA

“不要将你自己消耗在碰壁的经历中，不要和坏事情叫板，
尽量去欣赏好的一面。”

拉尔夫·瓦尔多·爱默生

绘制你的旅程地图

无论如何，你都能解除种种往事给你的未来潜力所设下的限制。绘制旅程地图就是一种非常有效的手段，能够帮助你续写充满力量与获得治愈的崭新篇章。同时，这也有助于你对自我的接纳。列一张清单，写下到目前为止对你产生巨大影响的痛苦记忆。专注于自己每一次经历碰壁后发生了什么，从中找出可以作为直接或间接结果的积极影响。当一扇门拒绝你时，很有可能另一扇门已经为你打开，新的关系或者工作上的突破将由此出现。标示出事物之间的关联，可以帮你有效地将回忆与事实区分开。

接下来，写下你曾经惨遭碰壁但最终发现有所收获的次数。你从中学到了什么？再写下碰壁风险并没有成为现实的次数。你从中又学到了什么？评估一下自己在应对最坏情况时的表现，这将有助于你意识到自己的适应能力，以及足智多谋的程度。想到自己曾经从碰壁的经历中恢复，甚至因此变得强大，可以淡化碰壁本身的严重性。因此，如果此刻有什么事让你感到可能要再冒一次碰壁的风险，至少你现在已经很清楚，听到“不”，并不总是件坏事情。

进行标示的练习能够反驳观念、驱散恐惧，更重要的是，它还是对你已经走过的人生旅途的一次庆祝。如果人生真的像我们在文章开头时所说的那样，是一条蜿蜒曲折、充满艰难险阻的道路，那么你现在应该明白，很多障碍往往也正是转机——如果你总是感到自己一次次回到起点，实际上，你降落在了完全不同的地方。碰壁会令我们的自我意识焕然一新。

想象一名比赛时意外跌倒的体操运动员，他会利用这次事故去探索自己未被发掘的潜力。对他而言，与其沉溺于自身的弱点，不如明确自身尚未开发的潜力。碰壁提供给你的，同样是无可估量的机遇，能够让你去审视追梦之旅是否还有更好的路线可选。对人生拥有全局把控固然很棒，但更重要的是，要确保这种掌控存在足够的灵活性。你可以试着将注意力集中到你的目的地，而不是为了到达目的地所途经的每个方向。如果你对一切机会均保持开放心态，那么目的地可能当你尚在途中时便自动做出了调整。

重新定位自己

当你发现了隐藏在自己对碰壁的恐惧感背后的核心观念，接下来的问题将会帮助你更好地驳斥它们，并重新定位自己。如果你能将问题的答案写下来，或者面对镜子高声宣布出来的话，效果会更好。

- 你有什么证据能够证明自己的信念是正确的？
- 那些证据究竟是基于事实，还是仅仅是你编给自己听的故事？
- 你有什么证据可以反驳上述信念？
- 这些信念让你感觉如何？
- 相比起来，你更希望自己有什么样的感觉？
- 哪些新的信念能让你产生更好的感觉？
- 这些新的信念能带给你哪些新的可能性？
- 在 1 到 10 的范围内（1 代表极度不可能，10 代表非常可能），你有多大的可能性会现在就开始对所想之事展开行动？
- 如果你给出的分数是 7，或者比 7 更低，那么请返回第一个问题。

mindfulness

别忘记给生活留白

作者：
克丽 · 多兰
Kerry Dolan

如何发现不同想法间的空白、声音间的沉默，以及移动间的静止？

一名好的演讲者非常清楚词语中的间隔以及想法间的策略性停顿的价值；平面设计师很了解作品中留白的重要性；音乐家知道音符间的静默作为交响乐的一部分与旋律同等重要；作家则意识到书写的有效性与标点及行距息息相关。所谓间隔、静默、静止等，在生命的创造性过程中同样重要。

然而，对于很多人而言，日渐繁忙的节奏挤走了生活中的标点符号。那些受生产力最大化影响的人很容易忘记留心生活中的停顿。例如，一次匆忙的火车行程或者公交车行程可以是阅读一本书的好时机；排队的时间刚好可以用来做做白日梦；延期的约会带来了坐在咖啡馆里从真正的咖啡杯中啜饮的机会。但技术发展带来的奇迹令这些短暂的休息时间变成了继续开足马力前进的机会。在通勤的路上，笔记本电脑就摆在你的面前；排队的时候，智能手机接收到的待回复邮件霸占着你的注意力；那些意外富余出来的时间被更多的商务会议填满了。在如今的生活中，一分钟都不能被浪费。但这种忙个不停的生活方式到底会给人带来什么影响呢？

如果没有思想间的空隙——声音间的沉默和移动间的静止亦如此——我们也就失去了再充电的明确价值和机会。正是空隙、沉默以及静止使我们生命中的噪声和运动得到了平衡。这些微小的缝隙穿插在自由以及一呼一吸之间，帮助我们靠近直觉，并与自我建立起更深层次的联系。我们的祖先在黎明破晓之时醒来，伴随着太阳落山而结束一天的劳作。随着黄昏的降临，他们会做一些更安静的活动，逐渐平静下来，自然而然地为睡眠做好准备。如果你参加过露营，应该会经历过这种自然的节奏转变。也许你会发现，自己每天更早休息、更早入睡，睡眠质量会更好。我们如今的生活不再受到光照时间的限制，创造的潜力变得无穷无尽的同时，我们却越发感觉到这种超负荷运转逐渐令人精疲力竭，越发难以维系，进而引发各种生理和心理上的健康问题。日常会紧紧缠绕在一起，没有大自然指引你放慢脚步、放松、准备上床睡觉。每天的循环变成了行动和睡眠之间的两极对立，而对有些人而言，两者之间的道路越来越狭窄。

做英语老师时，我会不断提醒学生们善用标点符号。而在我的其他职业中，比如治疗师的工作中，我也会给出大家同样的建议。就像没有标点符号会显得长而笨重的句子一样，一个没有任何喘息余地的待完成事项列表也会令你感到喘不过气来，并备受其苦。请在你的生活中寻找自然存在的标点符号，并享受停下脚步的一刻。将你的注意力从工作、杂务以及各种会议中抽离，转而专注于每一事项之间的空白时刻。让你自己置身于放空的时刻，尽量避免用更多的工作填满它，也不要任由思绪飞奔至下一项任务。

重新调整自己，以一种更有节奏的方式安排生活，这能给你的健康、幸福感、生产力以及创造力带来极为积极的影响。如果每天能找到足够的标点符号，以此调节压力水平，为自己松绑，那每晚的放松过程就会因此而增添一分甜蜜。

为你的生活添加标点符号 *

想象一下中世纪手稿中经常出现的装饰性大写字母，它们通常有着精致的装饰和金色浮雕。以前的抄写员深谙如何开启新一章之道。大写字母象征着新的开始，而在古代的手稿中，抄写员会利用空白空间将它们框写出来。每天早上把闹钟调得早一点，享受躺在床上拥有的一段空白时间，记录下你对自己以及对即将开始的一天的感觉。创造一种能够有效唤醒自己的晨间仪式，也许是静静地坐上片刻，看看窗外的风景并喝一杯自己最喜欢的饮品；也许是花点时间在兴趣爱好上；也许是在舒适的床上进行冥想。一个从容的开始会营造出一种享受生活的感觉，并且这种感觉会贯穿一整天。

插入语会表明在文本中引入一个简短的小插曲。一次短暂的冥想能带来的好处，完全可以与许多耗时的东西相媲美。冥想练习通常关注呼吸的过程，以及一呼一吸间的计时，但你不大可能通过专注于运动而获得静止，或者专注于声音从而获得静默。试着去感受种种想法之间的空隙，那种在数字之间出现的静默，在呼吸之间浮现的静止。你可以设置一个 60 秒的倒计时来帮你进行此项练习。

去寻找在日常种种任务间可以停下脚步的机会，哪怕停下的时间非常短暂。留心会议、工作行程、约会、杂务或者交通高峰期之间的时间，让自己沉浸在那些时间中，任你的感受回归自我，而不是奔向下一项任务。检查一下你的日程表，确保其中有足够的机会令你画下句号。优先为自己安排好这些非结构性的时间，不要让任何事务将其占用。这些句号将成为你的前进之阶，帮助你完成日程安排的同时保持平静，不致被各种事务淹没。

冒号的存在提示我们着手处理一份列表前要稍做停顿。确保你在日常节奏中留出了足够的缓冲地带，在下一项任务开始之前，可以对眼前的情况做出评估。这种评估包括将注意力谨慎地转移到自己的精神以及身体状态上，对自己即刻的需求予以满足。如果你感到口渴或是对什么事情感到焦虑，那么你就应该利用这个时机去补水，并给足自己所需要的安慰。你可以留出比预期更充裕的时间去抵达约会现场或目的地，这会有效缓解因意外延误而造成的压力。如此这般，你将能更好地享受旅程，并在抵达后有充分的时间为接下来的环节做准备。

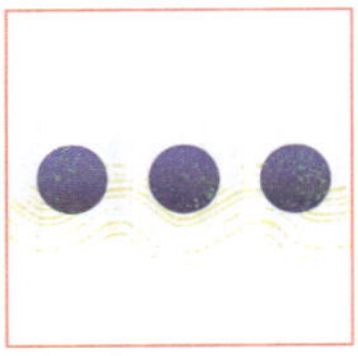

当你意识到有些词语多余时，省略号能帮你摆脱它们。在冥想流行之前，人们会做白日梦，在洗碗的时候通过凝视窗外的风景让自己轻柔地放松下来；在等待水烧开的时间里漫不经心地放空自己，或者对吸尘器的噪声变得无所察觉。我们的头脑总在忙于处理日常不间断的输入，但大脑也需要休息。释放种种想法，沉入感官之中，让自己体验感官本身所具有的天赋，而不必试图在其中寻找意义。

问号在句子的末尾发出了反思的邀请——花点时间认真反思。尽管反思被视为一种积极的过程，但用心的反思则可能较为消极。与其用源源不断的思绪来分析一天中发生的事情，不如试着把一个精心挑选的问题像一块鹅卵石一样扔进脑海里。观察从鹅卵石消失的地方以同心圆放射的涟漪呈现给你的一层层体悟，直到湖水静止，然后准备好迎接另一个问题。

叹号本身预示着强烈的情感。给自己一个定期检视身体和精神的机会。感情是内在指引系统的一部分，愉快是需要得到满足后产生的典型感受，而不愉快则来自未被满足的需求。稍做停顿，去感受并鉴别自己的感觉，尝试以积极的方式表达它们：写日记、进行艺术创造、演奏音乐、跳舞、到户外、写作、冥想等。

在你完成日常事项列表的时候，别忘了还有逗号，要记得给自己留出停下来喘气的机会。尤其是当人们非常繁忙的时候，往往会忽视了恰当地喘口气。找出某一件你平日经常会做的事——至少每天会做 8 次左右（或许是穿过某一扇门、喝水、去洗手间等），然后感受呼吸。有意地进行深呼吸，将空气深深吸入你的腹部（从 1 数到 4），然后像长叹一口气般将气体缓慢地呼出（从 1 数到 8）。很快你就发现自己会自动进行深呼吸了。

引号代表大脑中充满了各种喋喋不休的声音。用逗号断开的种种想法就像小狗似的，一不经训练就会到处乱跑。在一天之中找出你能够真正将思绪集中于各种想法之上的时间。你所关注的是什么？你是否同意自己的想法？这些想法是否（对你和其他人）充满同情心？这些想法是否有助于你进行自我提升？通过回答上述问题将所有想法列一个清单，可以有效帮助你调整自己的心态，辨别出哪些事情——而不是你的想法——是你愿意专注的。

* 此部分标点符号图案均为英文标点符号。——编者注

插画：CAT FINNIE

mindfulness

专注于自己的比赛

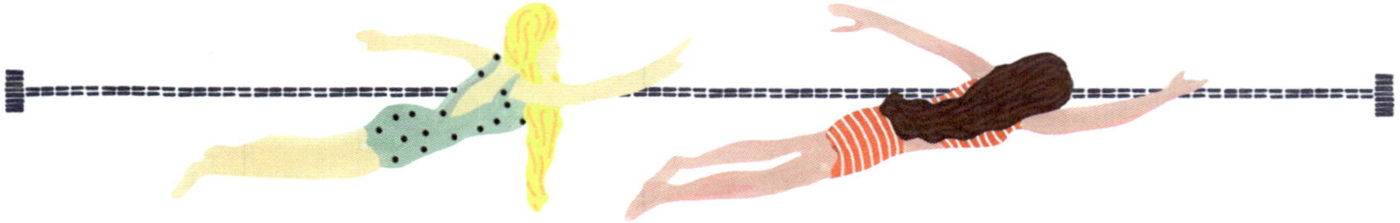

作者：
特蕾西·考尔德
Tracy Calder

尊重你的竞争对手，并且接受一些随竞争而产生的更具挑战性的情绪。唯有如此，才能提高你的同理心，并获得个人成长。

动物王国中住满了充满竞争性的物种。雄性海象通过体重、体形以及牙齿与同类雄性展开竞争，以赢得海滩上雌性海象的芳心；巨嘴鸟将鸟喙作为夹子，抢在鸟喙较脆弱的其他鸟类之前获得食物；海葵则通过它们带刺的触手互相攻击，以确保自己能够占领岩石上最好的位置。

竞争是生活中不可避免的一部分，而作为哺乳动物的我们自然不能——或者说也不该——幸免于此。我们史前的祖先需要为食物和领地展开竞争，而在当时的背景下，落败的一方要付出的可能是生命的代价。生活在现代的我们已经鲜少遇到生存还是死亡这种级别的冲突了，但当我们面临竞争的时候，无论是在拳击台上，还是在会议室中，原始的求生本能都会被激发。所以，竞争可能唤醒我们体内最好或者最坏的一面。

在某些情况下，竞争是健康的，甚至是值得期待的。比如，来自对手的步步紧逼会促使你不断提升自己的技能。“当人们感到自己被注视、受人评估或者了解到有其他人和自己一起做事的时候，他们就会做得更好一些。”“领袖成长”

的主席及在 Y 世代和 Z 世代 * 方面享誉世界的专家蒂姆·埃尔摩尔说道，“我们的感官得到了加强，变得警觉起来，对于我们究竟是谁以及正在做什么的问题有了更清晰的认识。总而言之，我们倾向于尽力而为。”

在运动领域，最大限度表现自己的例子更是不计其数：当长跑选手发现竞争对手正逐渐缩短和自己的距离时，总能设法实现额外的能量爆发；当游泳选手发现与自己展开竞争的是本领域内最好的选手时，往往能取得打破世界纪录的成绩；负伤的网球选手之所以仍能赢得一场重要比赛的胜利，是因为他们意识到全世界的目光都聚焦在自己身上。毋庸置疑，在人生的某些路段，竞争可以充当巨大的激励因素。

探索一切角度

关注竞争对手，可以帮助你判断究竟什么才是自己真正想要的。如果你在工作中申请升职，最终败给了一位同事，你会很容易感到嫉妒。但是，如果能够调整心态，你就可以把这次挫败当作一次审视自己真正动机的机会。你之所以会申请升职，是因为对自己当前的角色感到厌烦了

* Y 时代及 Z 时代为美国常见时代划分名，Y 时代一般指 1980—1995 年出生的人，Z 时代一般指 1995—2010 年出生的人。——编者注

吗？如果是这样的话，你能对此做出什么改变呢？还是说那是因为你对自己的工作缺乏认可？如果这才是问题所在，你能向领导要求一份评估吗？又或者是因为对更多金钱的渴望才促使你加入竞争？如果原因在此，那么此时也许正是申请涨工资或者另找一份报酬颇丰的新工作的好时机。对自己的动机保持怀疑的态度，这样你就能对自己、对自己真正想要什么了解得更多、更透彻。以这些认识武装自己，你便可以设定目标，进而实现自己的抱负。

不过，有些时候的竞争也会损害健康。“如果我们对取胜的渴望发展到了极端的程度，那么很有可能会以牺牲自我的完整性、安全感以及人际关系为代价。”Breaking Muscle 网站（一个提供运动、健身、健康和营养信息的网站）的运动教练瓦莱丽·沃辛顿如此说道。为了说明这一点，她援引了美国花样滑冰运动员托尼娅·哈丁的例子。在 1994 年的冬奥会选拔赛上，托尼娅卷入了攻击竞争对手南希·克里根一事。在竞争中，虽然类似这样的残忍做法非常罕见，却显示出不健康的竞争态度可能导致多么负面的影响，如果任其发展，则可能进一步引发消极的行为。有害的竞争情绪包括嫉妒，它会令你在对他人加以贬损的同时感觉自己也非常糟糕；包括自我否定，你会坚持说自己根本从一开始就对那份工作、那套房子或那位搭档不感兴趣；还包括自我憎恶，你会因为失败而对自己严加指责，通常会导致伤害性的自我对话，称自己为“白痴”或者“废物”。产生消极的想法和感受从来不是什么令人愉快的事情，一旦它们冒出头，我们下意识的反应就是对其加以否认——比如你可能会告诉自己，嫉妒朋友是不好的。

插画：ANIESZKA BANKS

但是，倘若努力打消你的竞争意识的话，那么与之相关的各种感受也就注定会消失。“当我们压制自己的竞争意识时，它们就会以其他方式渗入我们的行为之中，对我们构成影响。”《今日心理》的作者、临床心理学家丽莎·费尔斯通解释道，“但是，每当我们发现自己有类似想法的时候，其实我们可以选择自己的行为。”简而言之，当你面对竞争的时候，最好采取一种谨慎的方式。首先要承认自己产生了求胜心切的感受；其次是向自己保证，会允许自己体验竞争中出现的全部感受和情感，即使其中包含嫉妒、自我否定或者消极的自我对话。此时此刻，你要记住，重要的是想法和行动是截然不同的两回事——想象自己将花盆扣到了同事的脑袋上，这没问题，若真的付诸行动就可能对你产生不好的影响了！

容许自己产生任何想法，无论它们的性质或内容是什么，然后让这些想法自行消散。“参与竞争并不是被这些感觉绑架，也不是沉溺于消极的想法中，”丽莎表示，“而是接受你自然产生的竞争反应，充分感受它们，然后继续前行。”你可能会被自己冒出来的很多念头震惊到，比如，在为朋友终于实现梦想而感到高兴时也会心生嫉妒、愤懑，乃至恼火。但是，可以同时体验多种感受正是生而为人的乐趣之一。一旦你对自己的所有感受和情感有所了解并报以开放的态度，你就能理性而镇定地决定如何对感受和情感做出回应了。

获胜者并非什么都要

能够认识到竞争局面并非只有两种结果——胜利或者失败——会对你有很大帮助。虽然对于很多人来讲，参加比赛的全部意义就在于勇夺第一，但带着一种“赢得比赛意味着一切”的态度站到起跑线后会对你造成伤害。“不健康的竞争会令人们过于在意比赛结果，完全忽视了比赛过程或抵达终点的旅途同样重要。”Skybound Coaching & Consultancy（美国一家职业生涯咨询公司）的创立者、职业教练格伦·泰勒如此分享道，“当竞争结果变成了唯一的关注点，就会催生出一种个人或队伍必须‘不惜一切代价’去争取胜利的心态。”这无疑会导致严重的并带有潜在危害性的错误判断。如果采取谨慎的方式，给予竞争过程以及竞争结果同等的重视，那么相比于传统的胜负决定论，竞争中就有机会出现更多的可能性。

一种可行的方案是改善个人的发展。没错，你的确有可能得不到期待已久的升职机会，但从另一个层面来讲，申请及面试的过程教会了你大量宝贵的技巧，或许还突出了你需要进一步加强的地方。从某种意义上来讲，或许可以将竞争视为加强自己的技术储备的一个好机会，而不只是为了打败某人或者高举奖杯。“心态健康的竞争者并不在意自己究竟战胜了多少竞争对手，而是会关注自己又在哪些领域拓展了潜力。”格伦说道。如果你能将竞争视为一次自我成长的机会，明确自己的目标并表现出慈悲心（对自己和他人），那么你就永远是赢家。

如何正确参与竞争

- 恭喜你的竞争对手

对你的竞争对手说“干得漂亮”一类的话看起来好像会起到反作用，实际上，你能从中获益良多。如果对方展现出的某一技巧加速了你的失败，那么你就要收敛起傲气，花一些时间去学习其中的奥妙所在。通过社交媒体或写一封短信，概括你对竞争对手所取得的成就的钦佩之情。

- 优先考虑你的团队

每当一名运动员打破世界纪录或者一位科学家因为某项研究而得到嘉奖时，代表他们都将自己所在的领域整体地向前推进了一步。当你把团队的需要置于自己的野心之上时，每个人都将从中获益，并且你正在处理的问题——无论是寻找一种严重疾病的治疗方法，还是对跑鞋进行改进——也更有可能得以解决。你要告诉自己从大处着眼。

- 不要拿自己和别人比较

美国总统西奥多·罗斯福有一句名言：“比较，是幸福的窃贼。”也就是说，如果你的目光总停留在他人身上，那么自己的生活很可能会变得很悲惨。瑜伽教练兼作家的克丽·柯森非常赞同这个观点。在 *OM* 瑜伽杂志的最新一期中，克丽回忆了她在学生时代从体育老师那里获得的建议。“无论你在做什么，都不要专注于竞争本身——你要做的只是保持前进，不断向前看。”

mindfulness

曲线的意义

作者：
索菲娅·奥尔德
Sophia Auld

让自己被特定的形状包围，能够给你带来一种安抚的效果，令你感到平静而放松。

你可能已经注意到了，很多人在大自然中会比在城市里感觉更放松，为什么会这样呢？这是不是因为与充满了生硬线条和几何形式的人工环境相比，大自然的环境中包含着更能安抚人心的形状——比如曲线和椭圆形呢？

特定的形状会影响人的感受，这已经被从事设计以及用户体验工作的人员证实了。但是，形状心理学背后的科学原理至今令人疑惑。尽管如此，还是有一些合理的解释能够说明为何人们会对某些特定形状产生特定的反应。

在探索形状是如何影响我们的感受之前，了解一些关于这一想法的背景知识将会为你提供很大帮助。

格式塔理论

“形状与心理学之间的早期联系源于格式塔理论。”来自墨尔本大学心理科学学院的西蒙·克罗珀说道。格式塔心理学在 20 世纪早期源于德国，并发展成为认知研究的基础，其主要原理是事物的整体要远远超过各个部分的相加之和。

一项格式塔实验表明，有些形状更容易被人识别，但也像西蒙解释的那样：“由于实验结果从未被重复证明，因此这个结论无法被验证。”当代的设计师们继续使用视觉认知方面的格式塔理论，例如相似性、接近度以及连续性等。然而，西

蒙指出，对于特定形状影响人类感受这一结论的最大质疑，并非出自研究的视角，而是源于用户体验以及设计角度。“这已经成为一种约定俗成的公式，即某种特定的形状象征着某种特殊的事物。”西蒙说道，“但是，这种公式的背后，似乎并没有什么坚实的科学基础。”

自然的解释

西蒙相信，对于特定形状会影响人类感受这一现象，一定存在着更有说服力的解释，并且越是自然的形状，越容易令人联想到自然的镇定作用。“某种形状看上去越自然，它的线条就越有可能是弧线，而非直线……也就越容易令人感到镇定、放松以及安抚。”他说道，“那些因素都令你自然而然地联想到大自然。”

西蒙认为，人们之所以会被此类事物不自觉地吸引，是因为大脑本身就是一个自然系统。“大脑对自然的质地和形态最为敏感，因为它正是从那样的环境中演化而来的。直到相当晚的时间，我们才建造出如今这种充满了棱角和直线的环境。平滑的（形状）比如圆形、椭圆形、螺旋形等，均被人们视为舒缓的象征——这就和我们受大自然吸引的倾向相一致。”虽然西蒙并不知道有哪些研究支持这一观点，但他表示，这是对人们似乎会对特定形状产生情感反应的现象，他所能得出的最接近人类情感反应的科学解释。

塑造我们的经验

形状可能会对人类产生影响的另一个原因则是我们的学习和体验。虽然设计师会出于某些心理作用而对一些形状格外推崇，但西蒙告诉我们，这一切并没有被研究证明切实有效。当然，任何意义的产生都来自人们对形状的过往经验。举例来说，像三角形、箭头之类的形状用来指示方向。“箭头的指向会提示我们去看某物，这就是后天习得的联系。”如何发现形状有意义和学习阅读是一种方式。

这样看来的话，对于同样的形状，不同的人会做出不同的反应。“有些人可能觉得被各种螺旋

插画: KATERINA GORELIK

形和圆形包围能带来巨大的放松效果。”西蒙说道，“而当另外一些人走进这个房间的时候，他们又是另一种感觉了，也许开始时会感到有些眩晕。这种反应是非常个人化的，和每个人的经历、认知背景息息相关。”

这种经验效应可能会带来非常有趣的结果，比如视错觉在文化上的感知方式。以米勒－莱尔错觉为例，它包含了两条被箭头限定的直线，其中一条直线的箭头指向内侧，另一条则指向外侧。来自所谓的 WEIRD [Western（西方的）、Educated（文明的）、Industrialised（工业化的）、Rich（富有的）、Democratic（民主的）] 文化背景下的人们表示，向内箭头限定的直线要比向外箭头限定的直线长。

然而，当同样的视错觉用于测试非洲的某些部落人群时，他们并没有看出其中的差别，认为两条直线是一样长的。在那样的文化背景下，人们似乎对直线的体验相对较少，因此大脑并没有被视错觉误导。

对此，西蒙解释说，来自 WEIRD 文化背景中的人因为大脑系统终其一生都处于在充满直线的环境中，所以采用了一些捷径，导致了错误的判断。不过，他又补充说，那些“从来没见过（直线）的人的大脑就不会采用那些捷径，也就不会犯下同样的错误”。

商标逻辑

在商标设计领域，经验效应似乎至关重要。许多研究表明，商标所代表的意义远超过第一眼的视觉印象。研究人员指出，人们会根据商标的形状对该公司或产品做出一系列复杂的评估。经市场调查发现，圆形通常令人产生柔软的联想，而棱角分明的形状则更多与坚硬联系在一起。例如，一个圆形的商标更能令人产生该公司有人情味儿、对员工的需求充满关怀的印象。

在一项研究中，109 名大学生被分成了 3 组。研究人员向每一组展示 3 种运动鞋广告中的一种——一种带角商标，另一种采用圆形设计，最后一种则没有商标。被试者随后被要求对运动鞋的质量、舒适度以及耐穿度进行排序。结果表明，看到的广告中出现圆形商标的一组被试者关于运动鞋舒适度的排序要高于其他两组，而看到了带角商标的一组被试者则报告了运动鞋具有更高的耐穿度。

“一系列实验表明，品牌商标中使用的圆形和棱角越多，就越能在关于商品或公司属性的认知方面对消费者产生强有力的影响。”研究人员在《消费者研究》的论文中如此写道。虽然类似的研究结果看起来已经足够清楚，但西蒙仍建议人们对其采取谨慎的阅读态度：“关于人们把商标和事物联系起来这一点，存在着某种程度上的言过其实。”他表示，虽然商标可能会激发人们某些特定的情感，但并不是因为人脑被设定好了，会对某一特殊的形状产生相应反应。“诚实地说，我们对大脑是否有能力下达指令——没错，这个小标志会让人有那种感觉——所知甚少。我们真的不知道。如果我们能控制人们对某一小标志会产生怎样的感受，那么我们早就在意念控制方面取得长足的发展了。”

西蒙认为，对商标做出的反应可能与个体的学习背景和经验有关。“在其中，个体差异再次发挥了作用，有些人出于某种特殊的原因，会对一些事物产生特定的反应。如果他们是非常看重品牌的人，一定要穿（某个特定的品牌），那么他们就会不自觉地注意穿同品牌的人，并且在商品促销时也会更快地发现此品牌，因为这对他们而言非常重要。

“商标是一家公司极具辨识度的传播方式——但人们究竟会在多大程度上对此做出反应，我认为依然有待商榷。”

如此说来，真的存在类似具有抚慰性的形状吗？或许，答案归根结底取决于你自己。如果球形令你联想起和家人一起在公园里吹泡泡的快乐时光，那么这个形状就会对你产生积极的影响；如果它令你回想起曾被一个板球击中下巴，那么圆形对你就不会有什么积极的影响。

因此，上述问题的最佳答案尚缺乏坚实的科学依据。但是，我们为什么不进行一些有趣的尝试呢？可以去观察不同的设计和形式，看看它们分别令你产生怎样的感受。如果某种特定的形状可以帮助你恢复平静，那么你一定要想尽办法让自己置身其中。

标志性图案和它们的意义

- 在徽标中使用环形是出于传递稳定性、积极性以及团结合作理念的设计考虑，例如极具辨识度的奥林匹克五环标志，就象征着合作、团结以及友谊。
- 圆形通常被人们和星球联系在一起，比如美国国家航空航天局的标志（以“肉丸”著称）。
- 螺旋形是相对罕见的设计元素，被认为能令人感到平静、流畅，甚至会起到一定的催眠效果。在徽标中，螺旋形可能被用于代表流程或者策略的构建。
- 有些公司利用螺旋形来表现自己的创造力，或者表达自己不断发展、有求必应的属性。
- 美国全国广播公司的标志是全球范围内最具知名度的设计之一。它由一个更早期且更复杂的标志简化而来，由斯蒂夫 · 盖斯布勒在 1986 年为庆祝广播网络成立 60 周年而设计。
- 澳大利亚网球协会的标志采用了不同颜色弯曲交叉的直线，营造出一种网球正飞速穿过球场的感觉。

mindfulness

发现全新的视角

作者：
鲁比·德沃伊
Ruby Deevoy

从“我”的角度出发构建生活是非常符合人性的，绝大多数人会自然而然地从一个聚焦于内在自我的视角看待和感受这个世界。（毕竟，我们真的能做到通过他人的眼睛认识世界吗？）虽然我们总会不由自主地生出同情心，但真正站在不同的立场上去看待并理解事物却意味着必须采取某些行动。

如果不能摆脱我们自己构建的“真实”，步入一个更加中立的地带，那么你很可能会发现，在不自觉间，你对相当多事物的观察都是有失偏颇的。这会进一步影响你如何看待和朋友之间存在的误解，并决定你的终生信仰。但这种信仰的基础除了一个虚构的故事，别无他物。人们所做的一切，都受限于自己的认识，如果人类作为个体存在时所知道的一切并非真相该怎么办？

真相，是一个纯粹哲学意义上的概念，人类后天受到的熏陶以及在生活中习得的

摆脱看待世界的固有方式相当困难，却会为你带来改变的可能。

习惯，很容易令他们相信自己所掌握的就是唯一的真相。实际上，在这个世界上存在着无数真相——可能和宇宙中的生命一样多——并且每个人所掌握的真相不可能完全一致。因此，这就出现了一个问题：如果我们不振作起来充分认识这一点，那么在生活中的方方面面，误会和误解几乎无法避免。也就是说，除非我们开始理解每一时刻的每段经历都具有正当性，并且和下一时刻一样真实（虽然很有可能截然不同），不然就会出现混乱。

个人反思

近来，我清清楚楚地看到了一个认知和现实如何改变世界的例子。一位家族友人在我的儿子出生之后没有对他表现出任何兴趣，我因此黯然神伤。我对友人既不与我联系也没有送礼物或寄一张卡片而充满愤怒，毕竟我们的关系一直都很亲近。我还是个孩子时，我们就互相认识了。这件事深深地打击了我。但这种对朋

友关系之间的期待和认知并非立足于当下，实际上对友人来说也并不公平。由于没能花一点时间走出自己的经验范畴，所以我还活在对双方关系的回忆之中。但那并不是当前的现实。是的，我们过去非常亲近。但是，最近 5 年，或者最近 10 年之内，我们联系过多少次呢？坦白地讲，次数非常少。此时我却感到深深地失望，好像在难过这段关系没有继续下去似的。

一旦我认清了这一点，就明白了属于我的真相：我的全部痛苦源于过去，而非现在。这样一来，心痛好像也随之缓解了。这番感受让我颇为好奇，究竟有多少误解——以及多少伤痛——都源自类似的故事？而又有多少痛苦只要换个角度看就能得到缓解？

特许心理学专家、《领导者的正念指南》一书的作者奥德丽·唐指出：“一些指导方法常常鼓励人们从他人的角度去看待问题，如果仅仅依据自己的假设，那么我们可能就要永远承受误解之苦。”

“所有类型的亲密关系都会因固执己见而受到严重影响。由于真相的复杂性，我们常常需要去判断到底哪些对我们而言意味着真实，并且需要我们对这种学习保持灵活及开放的态度。但是，在很多情况下（因为习得的行为方式以及过去形成的习惯往往会取得胜利），我们仍停留在非常浅显的认识层面上，那就是：我们一定是正确的。这种狭隘的观点会让我们的路越走越窄，而花时间让自己拥有一个更广阔的视角则会让自己更有力量。”

复杂的现实

“sonder”是一个极好的词汇，拥有美妙的含义。它由约翰·凯尼格在《晦涩情感辞典》中提出，意思是：“名词，意识到生命中每一个随机的过客实际上都过着和我们一样鲜活而复杂的生活，都与他们的理想、朋友、日常、忧虑以及与生俱来的狂热共存。这是一个史诗般的故事，在你身边悄无声息地上演，就像深深向地下蔓延的蚁丘，有着成千上万条通向其他你无从知晓的生命存在的复杂道路。在那些道路上，你可能只出现过一次，就像背景里一杯等待啜饮的咖啡，

插画：OLIVIA WALLER

又如高速公路上模糊的车流，或者一扇黄昏时被照亮的窗户。”

对此我经常思考，观察街上来来往往的行人，或者注视天空中飞过的一架架飞机。我对行人的观察通常只是出于好奇，这种观察虽转瞬即逝，却存在超越于此的潜在可能性。通过将自己的视线滑入一个你可以看到并可以感觉到，至少所有现实的边界协调共存的地方，你就找到了进入以分享、当下、客观经验为基础而建立起来的生活入口。

如此这般，我们便有机会将多年积攒的烦恼统统释放，令一些痛苦的情感不再那么刺痛，变得更容易处理。同时，这也带来了得以免于对他人采取任何个人行动（或无所作为）的可能性。当和搭档一起工作时，便有可能通过更强有力的沟通而感受到合作关系的快乐。站在你唯一知道的事情是每个人的生活经验都是独一无二的立场上，你将会打开一个充满可能性和快乐的全新领域。如果你身边还有“sonders”同伴，那就再好不过了。

奥德丽解释了向内的观点有可能固化，对此我们又可以做些什么来获得更广阔的视野：“随着年龄的增长以及独立性的增强，我们不得不越来越相信自己，相信自己的直觉和判断。作为具有学习能力和思考能力的物种，我们会根据自己的经验不断调整应对生活的方式，开始形成在过去曾帮助我们表现得更好的习惯。有时候，我们需要根据当下做出改变，去审视如今的情况如何，以及如果依旧按照我们认为正确的方式去做会变得怎样。”

挑战自我

改变自我感受以及自我认知是极具挑战性的事情。有相当多的人为保护自己不受痛苦真相的影响而建立起狭隘的观点，因此，随着故事的另外一面被揭开，暴露出的新信息可能会令人难以承受。另外，当你发现自己一直相信的事实其实并不真实，也会给你带来巨大的打击。但是，勇敢面对这一巨大的心理（有些人喜欢称之为“精神上的”）打击，带来的回报也是惊人的。在很多具体案例中，人们的生活都得到了显著提升。

奥德丽说道：“我们的思想越是开放，我们的选择就越多，从而更有可能去明确如何采取行动，以及确定行动的路线，从而更有效地解决问题，甚至会掌控并影响我们所面临的任何情况。通过积极回应，保持乐于学习的态度，能够帮助你拓宽视野，找到看待问题的不同视角。”

生活中的很多障碍都是我们自己在不知不觉间建立起来的，或许是以习惯或者行为等方式表现出来的。它们的基础无一不是“我知道的事情”，而这很有可能是源于我们认识外部世界而产生的内部解释和反应。但是，由于无法从其他角度看待问题，也不懂得询问他人从而展开交流，导致任何单一的解释都不可能在当时有异议。内部观点在很大程度上就是由这种学习模式形成的。所以，发现更广阔的视角、全面地看待问题可能会带来革新性的转变。

如何以更广阔的视角看待生活

心理学家奥德丽·唐分享了自己关于如何用不同的视角看待问题的建议。

- 不要将认知上的挑战视为一种威胁，而要将它看作学习其他观点的机会，成为一个终身学习的人。我的祖父是一位佛学教师，在他的书中（《佛教话语》，*Discourses on Buddhism*）写道："我们并不需要向任何人证明自己所选择的道路是正确的，只要自己清楚这一点就够了。但要记住的一点是，这条路对别人来说不一定是正确的。"
- 通过冥想获得平静和清醒的头脑。当允许思想进入一个既不那么情绪化又不那么强调逻辑的地方时，我们就能更清楚地认识现实。情绪会影响判断，同样地，对规则的坚持以及习惯性行为同样会影响判断。其实，可能存在着其他解决问题的方式，或者看待问题的不同角度，只不过我们还没有意识到。在做出反应之前，先给自己一些时间敞开心扉，以便令自己能够接受更多的可能性。
- 注意你的用词。尝试着用"有效的"或者"无效的"之类的词语代替"好的""坏的""正确的""错误的"，保持开放的思想。接受生活和观点具有复杂的流动性，通过改变之前使用的用词来做到这一点。虽然会很困难，却相当有效。另一种有价值的方法是一定要验证他人的观点。即使你无法理解他们的思维方式，但与简单粗暴地置之不理相比，你可以试着接受，并询问对方为何会有这番感受。通过这样的信息共享，彼此才能更好地提供支持，并相互理解。

美丽的春天来临了，当大自然重拾它的可爱，
人类的灵魂也随之复苏。

_ 哈里特 · 安 · 雅各布斯

创造力

CREATIVITY

creativity

站上舞台，尝试单口喜剧表演*

作者：
露西·布里特纳
Lucy Britner

站在舞台上努力逗笑观众是项艰巨的任务，但有助于你发展新技能，有助于建立坚实的友谊，还可以帮你塑造个性——没错，确实如此。本书将麦克风交给了那些勇于挑战的人，事实证明，喜剧表演比讲笑话更有意义。

* 单口喜剧表演类似于国内目前的脱口秀表演形式。——编者注

第一次登台时的感觉我依然记忆犹新。那是在 3 年前，上台前我整个人都在冒汗，膝盖不停地颤抖。我的心脏跳得快极了，以至于我怀疑它可能会直接从我的嗓子眼里蹦出去。主持人叫到了我的名字，于是我走上舞台，作为一个刚刚从喜剧课程毕业的新人，在欢庆新表演之夜冒险登台。接下来的 3 分钟转瞬而逝，台下只有对我充满同情心的亲友团发出了笑声。

回到化妆间之后，我感觉自己简直就是名摇滚巨星。我的神经变得极度兴奋，自我膨胀得仿佛是个踩着高跷的巨人。我的喜剧同伴们一个接一个地离开化妆间，在英雄般凯旋之前像极了待宰的温顺羔羊。

有趣的事

我想在 12 周前那个周六的下午，当我们大家第一次见面时，谁都不会相信自己真的能够独自进行一场喜剧表演。确实是这样的。因为有些人甚至都没能完成喜剧课程，也有些人仅仅把开启这段旅途当作个人目标。

回想课程开始的第一个周六，我们在屋里走来走去，几乎不可能从我们之中辨认出某种“类型”。我们是一群年龄在 19~65 岁的男人和女人，有教师、消防员、互联网从业人员、演员、公务员、学生以及摄影师等。促使我们相聚于此的理由也各不相同。有些人因为在工作中得到了晋升，不得不做更多的演讲，他们只想学到一些公共演讲技巧，并找到一些令他们的讲话更有趣的小窍门。而对于另一些人而言，这项喜剧课程则是“遗愿清单”上的一项。也有相当多的人将此视为自己在喜剧领域打拼的开始。不过，我们中的大多数人还是把它当作了一项可以在周六进行的趣事，以及一种能认识更多人、结交新朋友的方式。我们都想要发现究竟是什么引人发笑，随后在一个坐满了人的房间里，将自己的结论付诸实践。

经过了如此这般 12 周的包括写作和身体表演的训练后，我们进行了第一次现场演出。在接下来的 1 个月里，我带着我那时长扩展到 5 分钟的喜剧节目前往任何需要人的俱乐部或酒吧。

入行

我发现，找到演出机会的最好方式就是先去支持别人。了解当地的情况是一件既有趣又累人的事情，但是，如果你能出现在当地的每一场演出中，那么就有很大概率会遇到未来可以成为朋友的人。当然，如果你实在找不出将周二晚上耗在一个既潮湿又令人汗流浃背的地下酒吧里有什么乐趣，这对你来说就会是一项艰巨的任务。

我的第二次喜剧演出就是在上述的一个地下室中进行的。我那长期受我打扰的丈夫和婆婆是除了广告上的其他喜剧演员之外唯一的观众——我后来了解到，这是这个行业中的常态。我必须承认，这次的体验跟第一次登台带来的肾上腺素飙升的过程有点像。但与此同时，我开始觉得自己像一名真正的喜剧演员了——在一个潮湿的地下室里为 7 名观众进行表演。这是一个重新塑造性格的机会吗？也许是吧。

在接下来的几个月里，我逐渐对自己的表演素材感到厌烦。我试着做出调整，并向其中添加新的元素，想让表演变得新鲜一点。实际上，我所做的一切不过是毁了大多数笑话的结构。尽管造成的绝大多数影响都是消极的，却带给我难以置信的洞察力。仅仅是加强某一特定词汇的语气或者延长中间某处的停顿，我就能令一则笑话彻底地改头换面。有时候，我这么做能引发观众更多的笑声，但更常见的情况是，我彻底搞死了这个笑话。

素材问题

不过，表演喜剧时，我最深切的体会是，想要登台演出，仅有好的笑话是不够的。尽可能多地获得表演机会可以令你在时间节奏的把握上越来越有自信——同时也令你意识到哪些东西是行不通的。

我有限的素材意味着，在某些观众看来，我并没有合适的笑话。我曾经在广播 4 台（Radio 4）听喜剧演员安吉拉·巴尔内斯把为观众选择合适的笑料形容成“用联络簿轻弹我的大脑”，然而不幸的是，我的“联络簿”看上去更像一张便利贴。

比如，我曾经讲过关于玛格丽特·撒切尔的笑话（我也是格兰瑟姆菜贩子的女儿——写下你知道的一切吧），这个笑话在一个多数观众都年过 50 岁的房间里引发了一阵爆笑。后来，我又在一家全是学生的酒馆里讲了这个笑话。坦白地说，当时我真希望能找个地洞钻进去。

我从中学到的最重要的事情，就是失败并不值得当一回事——而且它会发生在每个人身上。萨拉·米利肯有一条“11 点原则”，在喜剧演员的圈子里又被称为“米利肯法则”。这条法则是说，你可以为一场糟糕的演出感到崩溃或焦虑，但到第二天上午 11 点就必须清空这些情绪，因为到了继续前进的时候了。有趣的是，她也将同样的法则应用于成功的演出上。因此，上午 11 点之后，一切都要重新回到当下。

所以，你要相信自己很有趣……

去选修一门课程吧。学习写笑话的基础知识是一个很好的开始，但是，有许多朋友一起入行非常重要。如果你在外地有演出的话，他们还能和你一起拼车。

- 我和吉尔·爱德华兹一起开办了门课程，他曾经培养出许多了不起的人物，包括吉米·卡尔、安吉拉·巴尔内斯，以及罗米希·兰加纳坦等。另外，吉尔还在布莱顿的喜剧剧场举办了一场名为“喜剧繁荣”的演出，以此支持冉冉升起的喜剧新星们。想要获取更多信息请访问 jill - edwards.co.uk。
- 尽量多看喜剧片。想要成为一名真正的喜剧演员，唯一的方法就是对喜剧有尽可能多的体验——无论是不同的演出风格，还是不同的演出场所。
- 请记住，每个人都要迈出第一步。据才华横溢的沙皮·霍尔桑迪称，颤抖的双腿、仅有 20 名观众、只有 5 英镑的报酬一起构成了她的第一次演出。与此同时，马克·托马斯对于自己的首场演出唯一留下的印象，就是当时得到的冷嘲热讽。

插画：MARIA MANGIAPANE

creativity

用鲜花装点生活

关于插花如何满足人类的想象并滋养人类健康的个人感受。

作者：
杰玛 · 希尔斯
Gemma Hales

3 年前，我经历了人生中的至暗时刻。我的伴侣到另一片大陆上定居了，我则搬离了我们在伦敦的公寓，熬过了一段过渡期。我的头脑里充斥着关于未来的种种想法，以及对未来的恐惧，我的注意力和睡眠都因此深受影响。在我意识到自己需要专注于某些事情上时，我到当地的学院参加了一项关于鲜花的短期课程。

参加这项课程给我带来了新的启发。我由此将注意力全部集中于鲜花上——颜色、质感，以及如何将这些跟我的设计结合起来。每周 3 小时的课程里，我的脑中没有任何消极的想法或者担忧的情绪。正念使我完全集中于当下，不会分心，也不予判断。我很清楚专注的好处。在过去的几年里，我也曾采用不同的方法试图达到专注的状态，但都没能真正做到。在这段尤其艰难的时光里，我意识到在课程中获得的那种禅修般的体验，就是正念的状态——不需要任何应用程序、精油或者特殊的器材辅助。一直以来，我都是一个对自然充满深切关怀的人，利用自然对人类最美的馈赠进行艺术创作，给我带来了一种踏实、健康的体验。鲜花渐渐占据了我的生活。随着我的热情日渐高涨，我意识到可以将此作为我的事业，并最终开始了专门从事婚礼策划的业务。

广泛的根基

从鲜花环绕的生活中获得健康和幸福，并不是花匠才能拥有的福利。在家中摆放鲜花也大有益处。即使鲜花被剪下来，仍旧能够净化其周围的空气，释放 10 倍于其吸入量的氧气，令每一寸空间变得更洁净。美国曾有一项研究表明，在家中摆放鲜花能令人感觉更快乐、更富有同情心和创造力，家中有鲜花的人还比没有鲜花做伴的人更有精力。

在 2008 年进行的另一项研究则证实了一个一直以来为人们所怀疑的事实，即在床边摆放鲜花可以帮助病人更快地康复。虽然如今在病房里通常禁止出现鲜花，但那些被允许拥有鲜花的病人所需要的镇痛治疗更少，血压和脉搏也相对更低、更平稳。因此，研究结果表明大自然拥有的这种神奇力量可以帮助人们更好地感受和表现。

众所周知，不同颜色同样会对人类的心理健康产生重大影响。这份影响不仅局限于你穿了什么颜色的衣服或在家中选择用什么颜色进行装饰——鲜花也在其中扮演了重要的角色。如果你感到自己快要被焦虑的情绪淹没，买一束蓝色的花，如飞燕草、绣球以及鸢尾，或者身处一个充满绿色植物的新环境，都能帮助你缓解焦虑，获得平静舒缓。因为在人类大脑的认知中，绿色是和安全感紧密联系在一起的颜色。另外，黄色也能改善人的情绪，在带来净化之感的同时能增强人的自信心。所以，如果你或者你的朋友需要打气、加油，送他一束黄色的郁金香、玫瑰或者向日葵，都能向他提供切实的支持。

富于特色

有些鲜花具有特殊的用处，可以作为送给所爱之人甚至是自己的非常贴心的礼物。比如，迷迭香被研究证实有助于增强人的记忆力和专注力，菊花和洋桔梗则能够使人焦虑的情绪得到平复，金盏花具有抗菌的特性，在卧室的花瓶中插上茉莉花和薰衣草可以助你一夜好眠。

杰玛的指南：创造一个经典的作品

❶ 布局

当你开始设计时，最好先将所有鲜花平摊在一个平坦的表面上，以便你对自己可以利用的材料做到心中有数。然后将它们加以分类：焦点花（比如像玫瑰和菊花这样大朵的花）、次级花（比如多头月季和六出花属植物），以及填充花（比如满天星或石楠属植物）。

❷ 修剪

你需要一把锋利、干净的剪刀，在花茎上距离末端 1 英寸（约 2.5 厘米）或 2 英寸（约 5 厘米）的地方剪一个斜角。缺乏水分的时候，花茎处会形成气阻，即使你把它们重新置于湿润的环境中，鲜花也无法吸收水分。剪出的斜角能够有效促进鲜花重新开始吸收水分，尽快恢复最佳状态。

③ 绿色植物

一定要以绿色植物作为开端，不断交叉回环，创造一个足以支撑花朵的结构。

④ 焦点花

一旦你完成了作品基础结构的搭建，就可以向其中添加较大的焦点花了，重复交叉回环的操作，以此为焦点花提供额外的支撑。

图片：ALEX FELTON

5 次级花

一旦焦点花就位，代表你的作品就快要成形了。现在，利用次级花填充作品空间的时候到了。

6 填充花

最后，在你的作品中添加一些较小的填充花，它们非常适合用来填充剩余的小空间。

7 完成设计

一旦你心满意足地完成了设计，之后要注意让你的鲜花远离阳光的直射，每隔几天或者当鲜花出现萎蔫状态时就换一次水。另外，避免将鲜花放在气流处或者果盘旁，因为新鲜蔬菜、水果释放出来的气味会导致鲜花枯萎。较坚强的鲜花能陪伴你长达几周之久。我通常会将盛放更久的鲜花转入更小的花瓶中（当其他种类的鲜花都已经枯死后），然后放在家中各处，令它们的用处得到最大程度的发挥。

插花小贴士

想要享受鲜花给生活和家庭环境所带来的好处，其实并不需要花费大量的时间和金钱。我的示范（见第 111、112 页）可以作为你设计自己的插花作品的基础，无论作品是送给所爱之人的礼物，还是周末对自己的犒赏。精心准备的鲜花可以盛放很长一段时间。在最理想的情况下，你要确保有持续不断的鲜花供应，并且尽量使用应季的本土鲜花种类。你最好找到半开的花苞，即上面没有褐变或缺失的花瓣。你一定要反复确认花茎浸润在水中——花店的水桶里经常严重缺水。

如果你能认识所在地区的花商就再好不过了。他们会很乐意根据你的需求为你定制一些品类。花商们能向你提供当季最新鲜的鲜花，并且鲜花在到你手中之前会得到很好的照顾，你可以放心。你能从他们那里找到令人惊叹的绿色植物，从而令你的插花作品看上去更棒。我最喜欢香气馥郁的桉树枝和柔美纤巧的花竹柏枝。

如果你有自己的花园，同样可以在插花作品中添加一些自家种植的花茎。不过在开始创作之前，要确保它们足够美观、干净。花茎上比较靠近底部的叶片都要摘除，因为留在水面下的任何叶片都有可能腐烂，从而导致水中细菌的繁衍，影响鲜花的寿命。另外，过多的叶片也会使得鲜花难以吸收水分，也就意味着你的作品看起来会没有预期中那么明亮饱满。

那种拥有较宽颈部和较窄底部的花瓶是最适合的选择——它令鲜花有足够的空间去移动和自然舒展。你需要格外注意花瓶的清洁，每一次使用之后都要对其进行彻底的清理，以防止细菌滋生。植物营养液能帮助你的鲜花存活更久。如果没有的话，也不用担心，你可以用一茶匙食用性白糖（作为养料），一茶匙抗菌剂（漂白剂或苹果醋），以及两茶匙柠檬汁（为了增加酸性）。将以上这些加入花瓶的清水中——只需要在花瓶中加入 1/3 左右的清水。

creativity

家中的四季

作者：
伊丽莎白 · 贝内特
Elizabeth Bennett

随着春天的到来，不仅仅是你的衣柜要焕然一新——为什么不让你的家也随着季节变化呢？

随着阳光日渐明媚，日照时间逐渐延长，又到了换换衣服、整理衣柜的时节了。羊毛外套、厚实的针织品以及带毛绒球的帽子等，都可以收进衣柜或抽屉的深处了；轻薄的夹克、凉鞋以及 T 恤等，则可以随着春天的到来结束它们的冬眠了。无论是从实用性的角度考虑，还是从情感层面考虑，这种变化都具有重要意义，但这种随着季节而进行的改变很少能超越衣柜的范畴。近年来，居住空间全年变化不大，并且其状态基本上不受季节变化的影响。

每隔 6 个月重新装修一次的设想既不经济也令人难以忍受（暂且不说是否具有可行性），但随着四季更替给居住空间带来一些美学上的改变，则能为家庭生活增添焕然一新的一笔。最重要的是，这种变化能令我们的幸福感和精神状态得到全面的提升。在斯堪的纳维亚半岛的一些国家，例如丹麦和芬兰，其季节和光照的变化尤其极端，随着季节更换室内装饰品几乎是人们生活中的标配，就像丹麦人的理念——Hygge（关于舒适的艺术）。他们这么做似乎是有一定意义的。

把房子变成家

首先，专家们一致认为令居住的房屋呈现出家的感觉对人的健康和幸福感都大有益处。“将家打造成避难所，意味着为自己创造了一个可以休息、放松、与自我重新沟通的空间。”来自伦敦的意识创新组织 Patternity 的共同创立者格雷丝·温特医哈姆说道，该组织致力于通过模式研究和设计鼓励人们拥有更积极的生活方式。“当被你所爱之物或能给你带来快乐的东西环绕的时候，你的感官将得到滋养，你的整体幸福感会因此得到增强。”

实际上，家庭环境的重要性常常受到人们的忽视。“我们的外部环境会直接对幸福感造成影响，设计选择会在三个层面上影响舒适度：认知、生理、情感。”来自伦敦的室内设计师、可持续发展及幸福感专家埃琳娜·格里戈里奥指出，“例如，逻辑思考以及注重细节过程的时候需要较低的天花板、密闭的空间，以及锐利的棱角，而发挥创造力和灵感的时候则更多需要较高的天花板和弯曲的形状。”

就像生物钟会影响我们的睡眠模式以及能量状态一样，大自然的四季更替也会对我们的幸福感构成影响。对居住环境做出调整，能帮助我们更好地适应一年四季的变化。

插画：KATIE TOMLINSON

颜色的力量

当谈到可以在家中进行的实际操作时，便有很多不同的选择。埃琳娜推荐采用地中海国家的办法，在瓷砖地面铺上可以随着季节变化而选择铺设或移除的地毯。“瓷砖地面可以令房间在夏季保持凉爽，而厚实的地毯可以在冬季温暖双足。”她解释道。格雷丝对此表示赞同，并建议随着季节更换室内装饰品。“厚实的针织品或者深色调更适合冬季，而轻薄的亚麻制品以及宽松的款式则更适合春夏季。”她建议道。

更换室内环境的色调同样会产生巨大的影响。“每一种颜色都能传递其独特的信息和含义，同时从生理和心理层面上影响我们。”国际领先的色彩权威、潘通色彩研究所常务董事莱亚特丽斯・艾斯曼表示道，“我们的研究表明，在 95% 的时间里，颜色会作用于人的意识之外。这也就意味着，我们甚至不知道自己是何时、如何以及为什么会对这种普遍存在且沉默无声的语言做出反应的。”

莱亚特丽斯进一步解释了特定的颜色，尤其是黄色系如何令人的精神状态发生变化的。“黄色能提高人的活跃度和幸福感。用温暖的颜色装饰一面墙（或者一个房间，如果你足够大胆的话），可以改善情绪，撬开心中那个幽暗或狭窄的空间。”她说道。

另外，格雷丝还建议随着季节的交替清理一些杂物——春天似乎是个尤其适合进行大扫除的季节。“就像威廉・莫里斯（著名的服装设计师、艺术家及作家）所说：‘不要让家里出现你不知道有什么用或没什么美感的东西。’在春季大扫除中可以更换靠垫的颜色、整理冬季的衣柜，在空间中使用明亮的颜色等。”格雷丝建议道。

“通过大扫除以及对那些不再需要的东西进行断舍离，同样可以给我们带来明亮、洁净的感受。减少、回收、修复或捐赠不想要的东西能够唤醒一种更有意识的生活方式。”她补充道。

在春天花些时间投入“家庭更新计划”（当然也包括换新衣柜），或许一开始你会感到非常困难，但这样做所能带来的好处非常多。毕竟，俗话说得好：“变化的功效不亚于休息。”

马上行动起来

试试这些可持续且经济实惠的方式，在明媚的日子里打造宾至如归的感受吧！

更换寝具

选择一床明亮又轻盈的羽绒被，给卧室增添更多春天的气息。白色、奶油色、黄色，或尝试大胆的图案，都会带来很好的效果。

使用挂帷纺织品

一根挂杆就可以让你根据季节选择不同的墙壁装饰艺术。随季节交替更换纺织品，或者将对于夏天而言显得过于厚重的冬季床单挂起来作为装饰。

更换室内香氛

香薰蜡烛、熏香或者香薰机都可以轻松地帮你营造某种心情。冬日时光中尤其需要诸如香草、肉桂、琥珀等温暖的香气，而春夏季则更适合令人精神为之一振的花香或柑橘类水果香。

重新安置花卉，拥抱户外生活

将盆栽植物换一个房间摆放，能令整个空间呈现不同的效果。在重新安置植物的时候，要考虑到春季延长的日照时间和升高的气温，尽量利用春天里的花朵，并将花束展示在颜色各异的花瓶里，以此提醒自己令人兴奋的事物和崭新的开端即将到来。

整理

整理衣物，对衣柜和抽屉进行分类，将文件归档，清理零星杂物，并将厨房和卧室中的橱柜打扫干净。为迎接新一季而精简生活空间，这对身心健康都大有裨益。

进行书架重组

根据季节调整不同颜色图书的摆放，这可能会促使你去阅读已被你遗忘的图书。

更换靠垫套、窗帘、百叶窗或地毯

就像有冬季和夏季不同的羽绒被一样，考虑一下在不同的季节使用冷调和暖调两类室内装饰品吧。天鹅绒、羊毛以及较厚的织物，都是在冬季时美好而惬意的选择，亚麻制品、纯棉制品则能在较暖和的季节里更好地发挥作用。你可以到当地的古着店或二手商店逛逛，可以保证你能够持续地消费，记得将颜色和设计作为考虑条件。

重新给前门上漆

选择一种和春天相称的颜色，在第一时间向所有来访者表达你的欢迎之情，为他们创造一份积极的好心情。

创造一面特色墙

选择一面墙或一个小房间，将它重新漆成明亮的颜色。黄色系能够给屋子增添明快的感觉，同时撬开心中阴暗的角落。

升级改造家具

把一件已经令你产生审美疲劳的家具漆上令人快乐的颜色，这么做将令旧家具焕发新的生机。

拥有一间夏季卧室

对于那些幸运地拥有两间卧室的人而言，冬天和夏天在不同卧室轮流居住是个非常不错的主意。一间卧室在夏天布置得轻盈、通风并且明亮，另一间卧室则为迎接冬天而布置得温暖、安适。

creativity

书写你的人生故事

作者：
克莉丝汀·伯吉斯
Christine Boggis

真实生活是一座书写人类、地貌以及经验的金矿。但你如何与真实生活保持适当的距离，以便成功地应用到小说中呢？

很多深受人们喜爱的作家都以擅长书写真实生活而闻名。例如，托马斯·哈代的作品就几乎成为西部乡村和多塞特郡的代名词；诗人威廉·华兹华斯和塞缪尔·泰勒·柯勒律治将他们一生挚爱的湖区景观写入诗中吟诵；大卫·福斯特·华莱士则以截然不同的方式进行创作，以毒瘾、滥用处方药以及网球成瘾的经历，作为他所创作的后现代畅销小说《无尽的玩笑》的灵感来源。

夏洛蒂·勃朗特利用自己的家庭创造出《简·爱》的世界。书中海伦·彭斯的角色是以夏洛蒂在 11 岁时便去世的姐姐玛丽亚为原型塑造的，而她的另外两个姐妹——艾米莉和安妮，则随后在书中分别以戴安娜和玛丽·里弗斯的形象出现。这些作品证明了作家拥有将自己的亲身经历切实可行地转化为小说的写作技巧。书写某些与你密切相关的人或事并非易事，但掌握这项写作技巧能够

给你的写作注入生机——并且帮助你对自己的生活有更充分的感悟。

重新审视

风景可能是书写时最容易的切入点。人们很容易忽视自己周围的事物，但它们实际上都是独一无二的——没有任何两个地方是完全一样的。无论你是住在如田园诗般的乡下、富有活力的城市、一座面积不大的小镇，还是郊区安静的街道，下次出门的时候，好好看看你所生活的地方吧，聆听、嗅闻，然后让它们充斥你的身体。这里能作为一部小说的背景吗？在这个地方将会发生些什么呢？

同样地，我们可能也从未认真审视过周围的人。当你第一次见到某人的时候，你首先注意到的是他或她那些可以讲给朋友们听的性格特征。但是，倘若那个人后来成了你的伴侣，那么最开始你用以识别他或她的那些特征就会因此带有感情色彩——他们刷碗的时候总是忘记洗平底锅，会细致规划每个周末，以及你们因为看什么电视节目而发生争吵等。有时候，保持一定的距离更有助于清楚地描述某人。

至于描写父母、兄弟姐妹和子女时，情况同样如此。我们对他们的认识和感受与他们对我们的意义有关，以至于我们很难看清他们真实的样子。不过，书写你亲近的家人和朋友会是一项很好的练习，能够帮助你更好地认识他们。站在他们的立场来看待分歧会令你有全新的观点，或令你更好地理解他们的行为。这个人是否具有成为小说人物的潜质？他们在故事中可以扮演怎样的角色？现实中的人对自己因小说而获得了不朽做何感想？以及你对此感觉如何？你和小说中虚构人物之间建立的关系是否改变了你对人物原型的观感？

据夏洛蒂· 勃朗特表示，她的第二本小说《谢利》中谢利·吉尔达一角的人物原型是她的妹妹艾米莉。另有评论家们就谢利的朋友，即卡罗琳· 赫尔斯通的原型是否为夏洛蒂的另一个妹妹安妮展开了争论。不过，当夏洛蒂写这本书的时候，无论是艾米莉还是安妮都已经过世，同样已经离世的还有她的兄弟布兰维尔。很难想象这本书在当时给夏洛蒂带去了何等巨大的伤痛，但这本书的完成对夏洛蒂来说或许同样是一种安慰。

一部文学自画像

那么现在，我们就要面对真实的挑战了：你会如何描写自己？如果审视身边亲近的人尚且困难重重，那么当我们把目光转向自己时，情况只会变得加倍困难。虽然大多数艺术家都会在某些时候创作自画像——但很少有作家以自己为原型去创作作品。“垮掉的一代”中，作家杰克·凯鲁亚克曾将自己以及他的

插画：SARA THIELKER

诗人同伴艾伦·金斯伯格、威廉·S. 巴罗斯作为小说主角；作家道格拉斯·柯普兰曾在他的小说《J 氏游戏设计师》中作为配角出现，为读者呈现了一个脾气暴躁且并不那么讨喜的形象。

当你尝试书写自己的时候，记得努力保持客观。虽然你会很容易变得有批判性，但对人物性格进行全面否定，在一部文学作品中并不成立，或者说并不会给你增强多少幸福感。如果你有这种消极的倾向，那么在开始写作之前可以让亲近的朋友们列举出一两项你的优点，然后在写作时以此来中和你对自己的消极感受，尽量完成一部人物形象丰满的作品。

你会是自己故事中的主角吗？你会站在第一人称的角度亲自讲述这个故事，还是以第三人称的口吻来讲述？你甚至可以尝试采用第二人称，面向自己完成故事的叙述，又或者通过给自己写一封信的形式来完成一部作品。

在你的生活中，是否发生过某些深深改变了你的事情？如果发生过的话，你可以尝试写下在那段经历发生之前，你是一个什么样的人，然后看看那个年轻版本的你是否适合成为故事中的人物，或者探索一番那段经历是如何塑造了你，如今的你跟之前的你有哪里不一样了，又有哪些地方一如既往。书写自己的生活无疑是一项挑战，它能给你的小说带来新的深度以及焦点。你可以按照我们提供的练习（见第 123 页）开始你的写作。

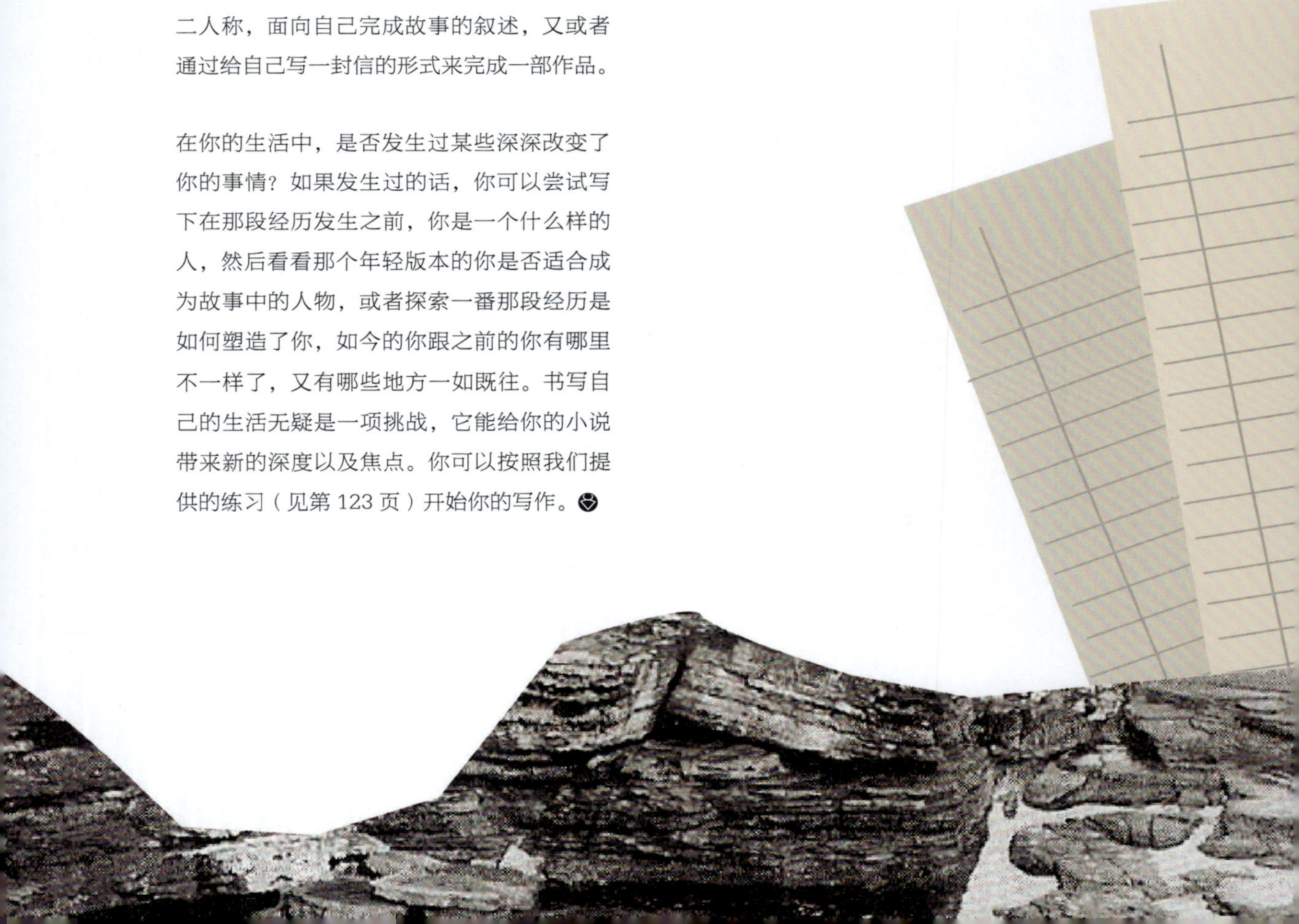

书写你的生活

- 看得见风景的房间

带着笔记本坐到窗边，对窗外所能看到的景物加以描写。将这个环境作为小说发生的背景，但不用想其中包含了人物、汽车、鸟类，以及其他任何你看到的从窗前经过的事物。望向天空，写下当时的天气和外面的色彩、声音以及气味。

- 一个属于自己的房间

还是做同样的练习，但这次的描写对象是你所在的房间。房间中的种种摆放说明住在这里的是个什么样的人？

- 人性的弱点

现在，要开始写一位你熟悉的人物了。你可能需要一张那个人的照片，并在动笔之前简略记下一些与其有关的重要回忆。你会如何开始描写那个人物呢？

- 战争与和平

如果你对选择的人物有不好的回忆，想要在写作中探究你们之间的冲突或者一段尤其痛苦的回忆，那么就尽量以所选人物的视角构思整个故事。

- 镜中奇遇

找到一个能舒服照镜子的地方，长时间地仔细审视自己。现在，开始写吧——从你周围的事物开始写起，接着写你的外表，以及你在写作过程中注意到的关于自己的任何东西。

书籍不是家——它们给你的感觉更像面对一扇门，
你可以打开，然后步入其中。在书中的世界，
你将拥有另一重时空。

_ 珍妮特·温特森

逃离

ESCAPE

escape

鬼魅之美

作者：
朱迪思·赫里尔
Judith Hurrell

越来越多的人发现自己被鬼城的奇异魅力吸引——因其荒芜而引人注目的废弃之地，能够给人带来独一无二的正念体验。

布满灰尘、荒无人烟的街道，十分破落的建筑物……这些都不是你通常在光鲜的度假手册上能看到的元素，但近年有越来越多的游客前往鬼城，在他们看来，这一切具有必看的吸引力。拍摄这种反乌托邦的、后世界末日的地方的艺术，被有些人称为“废墟摄影”，自有其多层次的魅力所在。

反思之地

寻访一座鬼城就是在探索一个所有标准、规则不再适用的地方。人们通常认为，人类处于不断的发展之中，并且进步总是由人类自己主导的——但在鬼城中则不然。在鬼城中，人类文明已然“失败”，并让位给了自然，而自然则总是以令人不安的速度蓬勃发展着。两者之间的鲜明对比不由得令我们对所谓的人类发展充满疑问。

鬼城同样提醒着我们人类生活对自然所造成的影响。在那里，虽然人工建筑已经变得无关紧要，但它们的痕迹却保留了下来。《被遗弃的澳大利亚》的作者肖恩·托马斯评论道：“在这些废墟中，我们可以将时间与人类的存续进行对比。时间继续延续，而人类却没有。”

心理学家托比·英厄姆则在此基础上更进一步指出，他相信鬼城迫使游客思考自己终有一死的命运。“废墟迫使我们直面自己的转瞬即逝性，”他解释道，“令我们对以后究竟是怎样的命运充满好奇。”

这或许听起来有些阴暗，但确实有一些人很享受幸灾乐祸的感觉—— 一种从他人的不幸中衍生出来的快乐。彼得·图希是一位对人类情感的本质和历史充满兴趣的教授兼作家，他相信鬼城可以令人感到莫名地安心——无论降临到鬼城中的是怎样的灾难，那都是发生在别人身上以及别人财产上的不幸。彼得将这种心态称为“与我无关症候群”（not-in-my-house syndrome）。“这些灾难会给人带来出乎意料的安全感，虽然它们确实很可怕。我相信事情就是这么一回事，人们正是因此对废墟充满兴趣。他们从中获得了无限的安慰。”

想象力

可以肯定的是，鬼城能激发人们的想象力。鬼城为人们提供了足够的虚无、寂静以及空间，可以令幻想飞过脑际。《红河流域鬼城游记》一书的作者、历史学家罗宾·科尔－杰特对这种感觉非常熟悉：“我为鬼城感到着迷。当你穿行于其中，你可以将它们变成自己的一部分，虚构出那里的人们曾经的生活和历史。不同于有人居住的城市或村庄，在鬼城中没有任何限制。鬼城显露出一小部分以前的基础设施，使游客‘漫步于其中并发出惊叹’。对于我而言，那些遗留下可见痕迹的日常生活设施，例如学校或者银行等，都令我觉得这个地方更加真实。我喜欢在鬼城中寻找陶瓷碎片、旧锡罐和其他遗迹。我深深地沉浸在鬼城讲述的历史之中。”

对于托比而言，寻访鬼城让他“在穿行于建筑物之间的同时拥有了奇怪的自由感，就好像我们才是真正的闯入者。我们心中怀有一种与错过的生命得以重逢的感受，甚至觉得可以偷听到那里的居民正在聊什么话题”。

孤独

除了萦绕在耳边的低语，鬼城通常是一个独一无二的隐蔽之地。专门从事废墟摄影工作的亨克·范·伦斯伯格从孩提时代起就在探索这些被遗弃的地方。“在 20 世纪 90 年代，像我这样在未开发的鬼城里寻找孤独的人屈指可数。”他说道。

“即使独自探索鬼城存在一定的风险，但那依旧是我喜爱的方式。在开始拍摄之前，我会先进入那个地方，坐下来，聆听、嗅闻，让我的想象力和感觉替我完成所有工作。这里的每座建筑物都有其独特的个性，这点和人类一样。在拍摄之前，我需要与它们建立起某种联结。这一切，我都希望能不受任何打扰，独自完成。有意思的是，比起墙壁被人群占据的状态，沉默的墙壁更能告诉我清晰的故事。”

正念

托比认为，鬼城中的沉默和平静能帮助游客拥有更好的正念体验。“鬼城促使我们安住于当下的空间，使我们从繁忙的日常生活中脱离，在那些空旷的房屋和村庄中找回自我。”他说道，“鬼城打破了我们对于稳定以及可预测的连续性的认知，打断了我们惯常的思路。在通常情况下，我们对自己居住的城镇习以为常，几乎不会留意到它，而在鬼城则完全不同。我们专注于此，正是这份专注帮我们按下暂停键，并拥有正念。”

显而易见，鬼城在游客心中激发了各种反应：从病态的着迷到好奇的反思，从幸灾乐祸到充满正念，从对遗弃的恐惧到安宁的独处，不胜枚举。或许这也就解释了这些鬼魅之地如今会重新进入人们视野的原因。

十大“招魂”胜地

1. 希腊，斯皮纳龙格

位于克里特岛东北部的斯皮纳龙格（或称为史宾纳隆加）并非一直是一座岛屿。在威尼斯人占领期间，出于防御目的，他们在这里砍凿出了海岸，并最终在上面构筑了要塞。1715 年，奥斯曼土耳其人占领了这一要塞。从 1903 年至 1957 年，斯皮纳龙格被用作麻风病人隔离区——也是欧洲最后的隔离区。岛上最后的居民——一位神父，于 1962 年离世。如今，这座废弃的岛屿成为游人如织的旅游胜地。

2. 英国，英格兰，泰纳姆

曾经，泰纳姆就是多塞特的一个村庄，是农民和渔夫的家园。但在 1943 年，此地被用作诺曼底登陆的训练场，当地的居民被疏散。遗留在一扇门上的文字写着：“请谨慎对待教堂和房屋。为了赢得战争和人民的解放，我们放弃了祖祖辈辈居住的家园。”如今，这个村庄成为英国国防部鲁沃斯军事射击场的一部分。

3. 日本，羽岛

羽岛，又称作战舰岛，是日本南部临近长崎海岸的一座混凝土鬼城，占地面积不足 1 平方千米。它为海堤所环绕，内部是由一幢幢 10 层楼高的公寓大楼构成的混凝土迷宫。这些大楼是由三菱公司开发的，目的在于开发丰富的海底矿藏。这座绰号为“无绿之岛”的小岛，一度是地球上人口密度最大的地区——但随着三菱公司在 1974 年关闭了矿井，大自然重新夺回了羽岛。

4. 爱尔兰，大布拉斯基特岛

大布拉斯基特岛位于凯里郡沿海，在 1953 年随着岛上最后 22 名居民迁往大陆而被荒弃。岛上的人口曾一度多达 175 人，但此后逐年下降。尽管与世隔绝，但大布拉斯基特岛却是享有世界声誉的“盖尔语作家们”的故乡，例如记录了岛上生活经历的佩格 · 赛耶斯，其作品被翻译成了多国语言。如今，大布拉斯基特岛成为自然爱好者以及背包客前往的胜地，这里的僻静令他们沉醉不已。

5. 美国，科罗拉多州，圣埃尔莫

建立于 1880 年的金矿重镇圣埃尔莫，从新兴都市沦为鬼城仅用了 40 年的时间。随着 20 世纪 20 年代铁路的停运，当地仅剩下两名居民——为了自身的安全而最终被送进精神病院的一对兄妹。此后不久，安娜贝拉和汤姆这对兄妹便相继去世。据传，安娜贝拉的鬼魂依然在镇上游荡。如今，圣埃尔莫被收录“美国国家史迹名录”，有意在此进行探索的游客可以租到小木屋、全地形车以及吉普车。

6. 意大利，克拉科

在长达 1 400 年的时间里，克拉科的居民们——依偎在意大利这只大靴子的脚踝处——顽强地挺过了疟疾、战争、瘟疫、火山的侵袭，还有饥荒以及盗窃团伙的洗劫。1991 年，一场山崩令这个小镇最终屈服，居民们迁往临近的村庄中，重新安家落户。到了夏天，意大利人仍会在宗教节日期间回到这里。同时，这里也颇受电影采景人员的青睐，他们常常被此地圣经般风格的废墟和斑驳的中世纪景观吸引。

7. 印度，库尔达拉

两个世纪前，位于拉贾斯坦邦的沙漠中的库尔达拉古村落在一夜之间被居民遗弃了。据传，他们之所以会逃走，是因为当地统治者看上了村长的女儿——也有传言是因为旱灾或地震。当地人表示，这片废墟会闹鬼，每当夜幕降临，他们就会听到街上回荡着那些无家可归的游魂的哭声。人们相信，这里是遭到以前居民诅咒的不祥之地，任何试图居住于此的人都会死于非命。

8. 法国，奥拉杜尔村

1944 年，这个位于法国中部的村庄被毁于一旦，共计 642 名当地居民——包括 205 名儿童和 247 位妇女，死于党卫军的大屠杀。据称，该暴行是党卫军对游击队袭击的报复。只有一位 47 岁的妇女，玛格丽特 · 鲁方什，侥幸逃过一劫。战后，这座村庄被改建成博物馆。很多建筑的外墙以及烧得焦黑的店面依然保留着，锈迹斑斑的汽车和自行车、散乱的缝纫机以及废弃不用的电车轨道依然存在。

9. 乌克兰，普里皮亚季

1986 年 4 月 26 日，随着切尔诺贝利核电站 4 号反应堆爆炸，49 000 人被迫从位于普里皮亚季的家中逃亡。30 多年过去了，镇上所有钟表的时针仍停留在上午 11 点 55 分——停电的那一瞬间。这座荒弃的小镇是苏联时代的俄罗斯以及冷战时期的历史遗迹，而其周边地区则成了奇妙的野生动物避难所，能发现野猪、麋鹿、狼、猞猁以及棕熊的踪迹。游客可以参观这座鬼城，并且在导游带领的情况下可以在此停留过夜。

10. 美国，加利福尼亚州，博迪

1859 年，一支金矿的勘探者队伍发现了此地，加利福尼亚州的博迪是一处典型的旧西部鬼城。早在 1880 年，这里的人口一度接近 3 000 人，到了 1940 年，则只剩不到 100 人。如今，此处遗留下的建筑物均面向大众开放，其中仍保存有完整的金矿初始固定装置和家具。很多游客都被幽灵及与超自然现象相关的报道吸引来到这里，据说那些从城中带走人工制品的游客会遭受厄运。

图片：SHUTTERSTOCK.COM

escape

触碰自然

令人敬畏、情感充沛、出乎意料——伟大的户外世界从未令人失望，而在这场备受关注的竞赛中涌现出的充满创造性的作品亦是如此。《呼吸》精心挑选了其中一些夺人眼球的摄影作品。

彼得 · 拉奇（匈牙利）
俄罗斯，西伯利亚，贝加尔湖

左图：贝加尔湖的沿岸存在很多冰穴，我便是从其中一个冰穴拍摄了这张照片。当时我躺在冰面上，尽量将仪器在冰缝间固定好。画面中的冰穴看起来要比实际的大很多，因为我使用了广角镜头。

格雷格 · 勒克尔（法国）
法属波利尼西亚，伦吉拉环礁

上图：我的梦想之一就是去亲眼看看海浪拍打礁石，并见证冲浪运动员是如何驾驭自然力量的。正是在阿瓦图鲁（Avaturu）的小山口，我和当地的冲浪者们一起尝试着穿上了脚蹼。拍摄那天的浪头很大，我一开始有点犹豫了，不过周围愉快而慵懒的氛围激励了我，我们在雷鸣般的海浪中分享了这一激动人心的瞬间。

格雷格·勒克尔（法国）
苏格兰，设得兰群岛

左上图：据推测，水獭大概在维京时代或更早便出现在了设得兰群岛，它们非常适应那里的海洋生活并大量繁殖。虽然苏格兰的河流湖泊是水獭更佳的栖息地，但如今沿着群岛的海岸线都能发现它们的足迹。

克里斯托夫·鲁伊斯（奥地利）
奥地利，新锡德尔湖地区

左下图：我在 3 月一个多云的早晨拍下了这张欧洲野兔的照片，当时正是它们的交配季。一只野兔开始朝我跑过来，到距我面前仅几米远的地方才停下来。我按下快门，拍下了第一组照片。此后，它继续向我靠近，直抵镜头的最小聚焦距离之内。

詹姆斯·勒温（英国）
肯尼亚，东察沃国家公园

上图：抓拍这张照片的时候，其实我正等着一头大象到距离相机后方几米远的水洼里喝水。当时，我的相机已经从完美的角度对准了拍摄对象，然后这群百其尔斑马闯进了取景框。我从没想到各种元素还能以这种方式结合到一起，但我已经来不及多想了，只能按下快门。画面中的蝗虫连同扭打的斑马告诉我们，干旱令动物的生存变得何等艰难。

杰里米·弗林特（英国）
巴布亚新几内亚独立国，哈根山

上图：我一直为巴布亚新几内亚的部落而着迷，希望能拍摄出足以表现这个国家不可思议的文明以及人类精神的影像。我捕捉到了这个画面：两个女人通过鼻子间的互相碰触向彼此的友谊致敬。

奥拉夫·斯奥克（挪威）
挪威，斯瓦尔巴群岛，冰峡湾

右上图：在移动的船上，很难稳定地手持 600 毫米的镜头，因此我不得不借助带磁三脚架。经过几个小时的不断尝试后，我终于拍到了一些不错的照片，其中就包括这只暴雪鹱。

萨尔瓦多·科尔维·沃特（西班牙）
西班牙，瓦伦西亚

右下图：我在一个水洼旁进行拍摄，那里吸引了很多哺乳类动物和鸟类动物。我藏在离水洼 30 米远的地方，看到这只红隼正在利用一株已死的龙舌兰作为栖木来接近水洼。

逃离

escape

与无聊共存

大多数人会尽量避免或者试图打破无聊。但在这个过分热血的世界中，无聊是生活中的一个重要部分。

作者：
斯蒂芬妮·拉姆
Stephanie Lam

你还记得童年时做过的那些无聊事情吗？我能多次回想起来那些几乎没有尽头的高速公路旅程，以及电视机上除了播放国际象棋世界冠军赛别无选择的下雨的周日。或许正是这些无聊的记忆，在一定程度上构成了我们成年后不断寻找刺激的原因。仿佛那就是一条新生的戒律：你万万不可感到无聊。

当然，也可能是因为大脑本身的构造使我们需要刺激，而 21 世纪的空前技术发展则为此提供了前所未有的可能性。空白的时间很容易被工作、邮件以及各种文字填满，你可以更新社交媒体、浏览各种电影、刷新各种网页消磨时间。无聊在日常节奏中好像在节节败退。但是，由此紧闭的，还有大脑中那扇开启创造性的大门。

在童年时代的那些无聊时光里，我通过创造出一个个魔法世界来逃避现实世界的束缚。那些魔法世界后来变成了故事，进而被我写成了小说。如果我不曾感到无聊，那么我不可能成为一名小说家。无聊是我得到的馈赠，但我后来把它们都给浪费了。

人们之所以会在感到无聊的时候进行创造，主要是因为当大脑受到的刺激不足

时，一个被称为“预设模式”的特定区域就会被激活。它包括前额皮质（或者说高级脑）以及海马区，后者是储存记忆的脑区。“预设模式”可以在随机想法中建立联系，促进新连接的产生，从而令人富有创造力。任何艺术上的飞跃或了不得的设想，都由此而来。

人类需要无聊，无聊令人有余地解决问题、拯救世界及其间的一切。即使一个人表面看起来无所事事，但他的大脑仍在奋力工作着。或许在一小时、一天，乃至一周之后，你那狂热的——很有可能还是天才的——想法就会爆发，虽然看起来好像是凭空出现的。大脑在刺激不足的状态下便开始播种，并利用一天中的那些空白时刻逐渐使之开花结果。

如今，我意识到无聊对我大有裨益。不过，知道是一回事，付诸实践又是另外一回事。我依旧害怕无聊，为各种因素所困扰，很容易失去焦点。如果我将无聊强加于自己身上，那么我就会退化为曾经那个满心抱怨的孩子，在安全带下不断蠕动着身体。尽管如此，我还是很确信无聊是必要的，尤其是在这个过分热血的世界。我们必须接受大脑对无聊的抵制，学会与无聊所带来的不适感共存，认识到无聊是解放大脑的关键。

插画：SARA THIELKER

悦纳静止状态的分步指南

- 读完这篇文章后，合上书或关上电子阅读器。
- 克制住想要拿过手机、书本或者其他娱乐媒介的冲动。
- 感受并接纳心头涌现的任何不快情绪。
- 意识到哪怕只是一些短暂的有限刺激，也能帮助大脑切换到一种更有创造力的模式。
- 看看这种状态持续了多长时间，即使只有 1 分钟，也相当值得称赞。

试着每天为自己营造一些无聊感。可以的话，请你尽量达到自己的忍耐极限。记住，即使在看似并不活跃的时刻，你的大脑仍在高速运转。在某些意想不到的时刻，创造性想法或者问题的解决方案就会忽然跃入你的脑海。而这，正得益于你鼓起了拥抱无聊的勇气。